TARIFA ZERO

EMBARQUE NESSA IDEIA

TARIFA ZERO

EMBARQUE NESSA IDEIA

JILMAR TATTO

alameda

Edição: Luís Marcelo Marcondes e Haroldo Ceravolo Sereza
Assistente acadêmica: Tamara Santos
Projeto gráfico e diagramação: Betânia Santos
Preparação de texto: Marci Hense e Haroldo Ceravolo Sereza
Capa (Projeto e fotografia): Matheus Barbosa Magalhães

CIP-BRASIL. CATALOGAÇÃO NA PUBLICAÇÃO
SINDICATO NACIONAL DOS EDITORES DE LIVROS, RJ

T219t

Tatto, Jilmar
Tarifa zero : embarque nessa ideia / Jilmar Tatto. - 1. ed. - São Paulo : Alameda, 2025.
176 p. ; 21 cm.

Inclui bibliografia
ISBN 978-65-5966-359-0

1. Transporte urbano - Aspectos sociais - Brasil. 2. Mobilidade social - Política governamental - Brasil. 3. Transporte e Estado - Brasil 4. Política de transporte urbano - Brasil. 5. Passes (Transportes) - Brasil. I. Título.

CDD: 388.3220981
25-99470.1 CDU: 316.444:656.121(81)

Meri Gleice Rodrigues de Souza - Bibliotecária - CRB-7/6439

ALAMEDA CASA EDITORIAL
Rua 13 de Maio, 353 – Bela Vista
CEP 01327-000 – São Paulo, SP
Tel. (11) 3012-2403
www.alamedaeditorial.com.br

Sumário

Prefácio

A mobilidade urbana é uma das expressões mais nítidas da estrutura social e econômica de uma cidade. Ela é transversal, conecta todas as outras políticas públicas e revela, com crueza, as desigualdades que ainda nos desafiam. Deslocar-se para trabalhar, estudar, cuidar da saúde, ter acesso à cultura ou ao lazer é um direito básico que precisa estar no centro das prioridades do poder público.

Ao longo da história, o Partido dos Trabalhadores tratou o tema da mobilidade com a seriedade e o compromisso que ele exige. Sempre partimos do princípio de que ouvir a sociedade e entender suas demandas cotidianas é essencial para formular políticas públicas eficazes. Quando estive à frente da Prefeitura de São Paulo, essa escuta ativa foi o ponto de partida para um conjunto de ações que buscou reorganizar o espaço urbano a favor do transporte público e da mobilidade ativa.

Nesse processo, tive ao meu lado Jilmar Tatto, parceiro leal e competente, que ocupou a Secretaria Municipal de Transportes durante todo o meu mandato. Sua dedicação foi decisiva para a implantação de corredores de ônibus, a ampliação da malha cicloviária, a readequação das velocidades nas vias urbanas e os avanços no Bilhete Único. Intervenções que tinham como horizonte uma cidade menos refém do automóvel e mais comprometida com o interesse coletivo.

Essas medidas, embora inovadoras e alinhadas com o que há de mais moderno no urbanismo mundial, enfrentaram resistências. Mas deixaram um legado. Ainda que tenham sido parcialmente modificadas nas gestões seguintes, estabeleceram um novo patamar de debate sobre a mobilidade em São Paulo e no Brasil. No entanto, é preciso reconhecer que dois desafios persistem: o custo da tarifa, que ainda impede o pleno acesso de muitos cidadãos ao transporte público, e a excessiva presença de veículos individuais nas ruas.

Foi esse cenário que, em 2013, explodiu nas ruas durante as Jornadas de Junho. Logo no início da minha gestão, enfrentei o desafio de compreender e responder a um movimento social que, embora tenha começado com foco na tarifa, expressava uma insatisfação mais ampla com o sistema político. As consequências daquele momento foram ambíguas: por um lado, abriu-se espaço para o debate sobre a gratuidade do transporte; por outro, inaugurou-se um ciclo de instabilidade que desaguou no impeachment da presidenta Dilma Rousseff e na ascensão de forças antidemocráticas no país.

A pandemia de Covid-19, por sua vez, escancarou a fragilidade do atual modelo de financiamento do transporte público, que depende do número de passageiros pagantes. Com a queda da demanda, vimos prefeitos e prefeitas de todo o país — e do mundo — recorrerem à gratuidade como forma de garantir o direito de ir e vir. A Tarifa Zero deixou de ser uma utopia estudantil para se tornar uma política viável, concreta e, em muitos lugares, necessária.

Jilmar Tatto, com sua trajetória profundamente ligada ao tema da mobilidade, soube interpretar esse novo momento.

Em 2020, já defendia a Tarifa Zero em seu programa de governo de sua candidatura a prefeito de São Paulo. Hoje, como deputado federal, preside a Frente Parlamentar em Defesa da Tarifa Zero no Transporte Público e segue liderando esse debate com a seriedade que o caracteriza.

Este livro é mais uma contribuição valiosa nesse processo. No primeiro capítulo, Jilmar apresenta sua trajetória e mostra como sua vivência pessoal e política se entrelaça com a história do PT e com os grandes avanços das administrações de Luiza Erundina, Marta Suplicy e da nossa gestão à frente da maior cidade do continente. No segundo capítulo, mergulha em uma análise crítica das cidades, denunciando sua lógica excludente e propondo um novo paradigma sustentado pela gratuidade e pelo financiamento solidário do transporte.

O terceiro capítulo mostra que a Tarifa Zero já é realidade em muitas cidades brasileiras e estrangeiras. Com base em dados, estudos e experiências concretas, Tatto demonstra que, mais do que possível, ela é desejável. Já no quarto capítulo, talvez o mais denso do ponto de vista técnico, ele apresenta caminhos para a implantação da política, discutindo fontes de financiamento, capacidade institucional, operação e governança.

Por fim, o quinto capítulo amplia a discussão para o campo da política nacional, propondo um Sistema Único de Mobilidade Urbana nos moldes do SUS e do SUAS. Uma proposta ousada, mas que dialoga com o que temos de mais bem sucedido em políticas públicas no país.

Os anexos, com projetos de lei e experiências locais, tornam este livro não apenas uma obra de reflexão, mas também uma ferramenta prática para quem atua na formulação de políticas públicas.

Debater o futuro é uma tarefa urgente. E o futuro da mobilidade urbana passa por uma ruptura com o modelo atual, que penaliza os mais pobres e agrava a exclusão social. Jilmar Tatto oferece aqui uma visão generosa, ousada e fundamentada sobre como podemos construir cidades mais justas, humanas e democráticas.

Fernando Haddad
Ex-prefeito de São Paulo (2013–2016)
e atual Ministro da Fazenda

Capítulo 1
Tarifa Zero: que ideia é essa?

Você já parou para pensar que transporte público coletivo deveria ser gratuito, assim como a educação e saúde? Eu defendo a Tarifa Zero como única forma de garantir o direito fundamental de ir e vir, sem que nenhuma pessoa seja impedida por não ter dinheiro para pagar o ônibus. O transporte público gratuito deve ser fruto de um pacto social que permita que todas as pessoas, de qualquer idade, gênero, cor e classe social, tenham liberdade de sair de qualquer canto de uma cidade e chegar do outro lado, para estudar, trabalhar, namorar, se divertir. Fazer o que bem entender. Para isso acontecer, é preciso repensar o atual modelo de mobilidade urbana, que prioriza o carro e exclui parcelas da população, e construir uma cidade mais acessível, sustentável e equitativa para todos.

No entanto, quando se fala em Tarifa Zero no transporte público no Brasil, uma das primeiras perguntas que surgem é: quem vai pagar essa conta? De fato, essa é uma reflexão importante, afinal, tudo o que é ofertado gratuitamente tem um custo. No entanto, essa forma de pensar revela o quanto fomos condicionados a aceitar que o direito de ir e vir não é garantido a todos — a não ser que a pessoa tenha condições físicas para se locomover ou recursos financeiros para arcar com o transporte.

Esse raciocínio também reforça a ideia de que a melhor forma de deslocamento é por meio de veículos particulares, como carros e motos, desconsiderando os custos elevados desse modelo. A construção e manutenção de vias, a atuação dos agentes de trânsito, os sistemas de controle de tráfego e os veículos de apoio são financiados por toda a sociedade, mas estão majoritariamente a serviço dos motoristas, que, em grande parte das vezes, se deslocam individualmente.

Essa lógica é compreensível, considerando que a maioria das cidades brasileiras, durante seu processo de urbanização, adotou um modelo que prioriza a locomoção por meio de veículos particulares. Isso determinou um padrão de mobilidade que permanece até os dias atuais e que, especialmente nas grandes cidades, resultou em congestionamentos, poluição sonora e atmosférica, além da exclusão de muitos cidadãos do acesso a serviços e bens públicos e privados.

Antes de questionarmos o custo de uma política de gratuidade no transporte público, seria mais pertinente refletirmos sobre a eficiência e os custos econômicos, ambientais, sociais e de tempo do modelo atual de mobilidade urbana na vida das pessoas.

Para instigar essa reflexão, decidi escrever este livro. Desde que compreendi que a política atual de transporte público coletivo não atende de forma satisfatória às necessidades da população — além de representar um peso significativo nos orçamentos familiares —, passei a enxergar na gratuidade do transporte público um caminho para transformar a relação das pessoas com as cidades. E, considerando minha história, acredito estar em uma posição privilegiada para propor esse debate.

Minha trajetória

Quando tive a ideia de escrever este livro, meu objetivo era contribuir com o debate sobre mobilidade e acesso nas cidades, defendendo a tese de que a Tarifa Zero no transporte público é um instrumento fundamental de inclusão e combate à desigualdade. Porém, creio ser necessário entender como um rapaz nascido em Corbélia, interior do Paraná, oriundo de uma família de agricultores, se interessou e passou a atuar e defender a mobilidade urbana.

Assim como milhões de brasileiras e brasileiros, cujas famílias migraram do meio rural em busca de melhores oportunidades de emprego e condições de vida, a minha história não foi diferente. Meus pais, Jácomo e Ines, saíram de Frederico Westphalen (RS) com oito filhos e filhas e se estabeleceram em Corbélia (PR), onde tiveram mais dois filhos. Eu nasci em junho de 1965, pouco mais de um ano após o golpe de Estado no Brasil executado pelos militares.

Tive uma infância difícil, humilde, marcada pelo trabalho duro ao lado dos meus pais na lavoura. No pouco tempo livre que eu e meus irmãos tínhamos, uma das brincadeiras que mais gostávamos era contar os carros que apareciam nas estradas empoeiradas da região onde morávamos. Eram poucos, mas sempre me fascinavam.

Enquanto isso, no restante do Brasil, o governo militar promovia grandes obras estruturais, porém sem distribuição de renda, o que resultava no empobrecimento de grande parte da população, especialmente das pessoas que viviam em áreas rurais.

Essa situação obrigou milhares de famílias a migrarem do campo para os centros urbanos, em busca de trabalho, renda e melhores condições de vida. Ao chegarem às grandes cidades, muitas dessas famílias se instalavam em regiões com terrenos mais baratos e sem infraestrutura urbana — como rede de esgoto, água tratada, asfalto ou equipamentos públicos.

Na segunda metade da década de 1970, quando completei 13 anos, minha família seguiu esse caminho. Mudamo-nos para São Paulo e nos estabelecemos na região da Capela do Socorro, na zona sul da capital paulista. Ao chegarmos, deparamo-nos com a grandiosidade da metrópole — repleta de pessoas, com seus imponentes edifícios no centro, as linhas de trem e metrô, os ônibus circulando incessantemente e, nos bairros mais distantes, inúmeras ruas de terra e casas simples que contrastavam com o restante da cidade.

Assim que cheguei a São Paulo, logo passei a seguir o roteiro quase inevitável de todo menino de periferia: trabalhar durante o dia e estudar à noite. Minha rotina durante a semana era pegar diariamente o ônibus sentido centro da cidade, sujeito às intempéries do clima paulistano. Nos dias de chuva, minhas roupas ficavam encharcadas por falta de abrigo nos pontos de ônibus. Andava nas ruas enlameadas com sacolas plásticas nos pés, para evitar sujar os sapatos e a barra da calça; nos dias quentes do verão, esperava o "busão" em pé, queimando no sol. E todos os dias eu sentia na pele a dificuldade de me deslocar por meio do transporte público.

No início dos anos 1980, após 16 anos de ditadura, as cidades estavam cada vez mais inchadas, e as pessoas, cada vez mais insatisfeitas com o fato de que o "país do futuro" prometido pelos militares nunca chegava — especialmente para os moradores da periferia, que continuavam sem acesso ao mínimo de dignidade. Nesse cenário, surgem movimentos sociais que passam a reivindicar mais direitos políticos e melhorias na educação, saúde e condições de trabalho.

Nesse contexto, ainda jovem, comecei a participar das Comunidades Eclesiais de Base (CEBs), movimentos surgidos na América Latina nos anos 1960 que buscavam aproximar a Igreja Católica das comunidades mais pobres, promovendo justiça social e organizando a população para reivindicar melhorias essenciais, como asfaltamento, moradia, saneamento básico e transporte público. A paróquia que eu frequentava era liderada por um padre ligado à Teologia da Libertação, que nos apresentou um novo partido político, criado com o objetivo de defender a classe trabalhadora e lutar pelos direitos sociais básicos que vinham sendo negados há décadas. Era o Partido dos Trabalhadores que estava surgindo.

Esse engajamento nas CEBs despertou minha consciência política e, em determinado dia, decidi me deslocar até o centro de São Paulo com o propósito de obter o estatuto do partido, buscando aprofundar o conhecimento sobre essa nova organização política. Em pouco tempo, mesmo sendo menor de idade, eu e meus irmãos mais velhos formalizamos nossa filiação ao PT, comprometidos com os ideais e as lutas que o partido representava.

A década de 1980 foi um período conturbado. Vivíamos uma crise econômica e social marcada por uma inflação galopante, em que, nos momentos mais agudos, o preço de um produto pela manhã já não era o mesmo ao entardecer. A ditadura militar encontrava-se em seu estágio final, e diversas parcelas da sociedade exerciam pressão por mudanças estruturais. A campanha "Diretas Já!" representou um marco histórico, reunindo políticos, intelectuais, artistas e trabalhadores urbanos e rurais ao lado de milhões de brasileiros que reivindicavam eleições livres e diretas. Embora a eleição direta não tenha sido alcançada, foi possível remover os militares do governo por meio da eleição indireta de Tancredo Neves, em 1985.

Com a morte de Tancredo, José Sarney assumiu a presidência do Brasil e, apesar do caos econômico que marcou seu governo, conseguiu manter os militares fora do Palácio do Planalto. Com o apoio da Assembleia Nacional Constituinte, foi promulgada, em 22 de setembro de 1988, a Constituição Federal, vigente até hoje.

Em novembro de 1988, o Sindicato dos Metalúrgicos de Volta Redonda (RJ) aprovou a paralisação de cerca de 10 mil trabalhadores da Companhia Siderúrgica Nacional, empresa estatal federal, que resultou na tomada da sede da companhia pelos operários. O Exército foi acionado para cumprir a reintegração de posse solicitada pela direção da CSN, e a intervenção militar culminou na morte de três trabalhadores. Esse episódio ficou conhecido como o "Massacre de Volta Redonda".

Foi nesse cenário — que mesclava anseios por mudanças, indignação diante da violência e da truculência militar, e esperança por novas ideias — que, nas eleições municipais de 1988, o Partido dos Trabalhadores surpreendeu ao conquistar vitórias em diversas cidades. Foram eleitos prefeitos petistas na capital gaúcha, Porto Alegre, em Ipatinga (MG), nas cidades paulistas de Campinas e Santo André, e, principalmente, na grande São Paulo, onde Luiza Erundina venceu em uma disputa acirrada contra Paulo Maluf, político fortemente associado ao regime militar.

Experiências do PT na cidade de São Paulo

Em São Paulo, o PT apresentou propostas voltadas à construção de um governo popular e inovador, com o objetivo de transformar a cidade de maneira permanente. Estávamos no início da redemocratização, e a sociedade ansiava por novas ideias, participação cidadã e inclusão social.

Para atender a essas expectativas, a equipe de governo dedicou-se intensamente à formulação de políticas públicas. Uma das mais ousadas foi a proposta de gratuidade no transporte público, apresentada por Lúcio Gregori, então secretário municipal de Transportes. Embora a ideia não tenha prosperado de forma ampla, por diversos fatores, ela se consolidou como um marco importante no início do debate sobre a Tarifa Zero.

Destaco a experiência localizada na região da Cidade Tiradentes, no extremo leste da capital, onde, em 1991, foram implantadas cinco linhas circulares gratuitas. No entanto, essas linhas foram progressivamente reduzidas nas gestões seguintes, sendo completamente extintas no ano 2000, durante o governo de Celso Pitta.

Como visto acima, comecei minha trajetória dentro do PT, em 1981, aos 16 anos, quando me filei. Daquele momento até hoje, trabalhei para organizar o partido na Zona Sul e na cidade de São Paulo. Em 1995, fui eleito presidente do diretório municipal do partido na capital. Três anos depois, em 1998, fui eleito deputado estadual, sendo o segundo candidato mais votado da bancada.

À frente do diretório municipal, atuei ativamente no fortalecimento do partido e na preparação para os pleitos futuros, contribuindo significativamente para a eleição de Marta Suplicy em 2000, ocasião em que, mais uma vez, derrotamos o malufismo.

Fiquei na Assembleia Legislativa do Estado de São Paulo até janeiro de 2001, quando iniciei uma nova trajetória como gestor público. Inicialmente, fui convidado por Marta para comandar a Secretaria Municipal de Abastecimento de São Paulo (Semab) e, na sequência, a recém-criada Secretaria de Implementação das Subprefeituras. No primeiro ano de governo, implantamos uma política de alimentação escolar adequada, até então inédita, beneficiando os estudantes de toda a rede municipal, além da descentralização eficiente da gestão municipal com a criação das subprefeituras.

Os resultados alcançados nessas duas pastas levaram a prefeita a me convidar para assumir a Secretaria Municipal de Transportes, que tive a honra de comandar de 2002 a 2004. Entre os principais políticas públicas na área de mobilidade que criamos destacam-se a renovação da frota de ônibus, a implantação de novos corredores e terminais e a reorganização do sistema de transporte público.

Outro ponto crucial foi o processo de regulamentação do transporte coletivo. Após a privatização da Companhia Municipal de Transportes Coletivos (CMTC), ocorrida durante o governo Maluf, houve uma proliferação de vans irregulares, especialmente nos bairros periféricos. Enfrentar esse cenário exigiu coragem e determinação, pois foi necessário combater uma verdadeira máfia organizada, garantindo a regularização e maior segurança no transporte de passageiros.

O retorno do PT ao comando da capital paulista em 2001 possibilitou a implementação políticas públicas que se tornaram marcos de sua gestão. Entre os destaques, estão a adesão ao Sistema Único de Saúde (SUS) — que havia sido postergada por 12 anos nas gestões de Paulo Maluf e Celso Pitta — e a criação dos Centros Educacionais Unificados (CEUs), que ampliaram o acesso à educação e à cultura.

Porém, ao meu ver, a grande marca da gestão de Marta foi a criação do Bilhete Único. Essa política transformou a forma de se locomover em São Paulo, permitindo que, ao custo de uma única tarifa, o passageiro utilizasse mais de um ônibus em um intervalo inicial de duas horas.

Surge o Bilhete Único

Quando apresentei a ideia à prefeita, fui questionado quanto às dificuldades tecnológicas e operacionais nos ônibus e nas garagens, especialmente em relação à transição do antigo sistema baseado em passes de papel e pagamento em dinheiro para um modelo eletrônico, em que os bilhetes seriam recarregáveis com créditos. Então eu e minha equipe nos debruçamos sobre esses desafios e, em maio de 2004, o Bilhete Único foi oficialmente implementado na cidade.

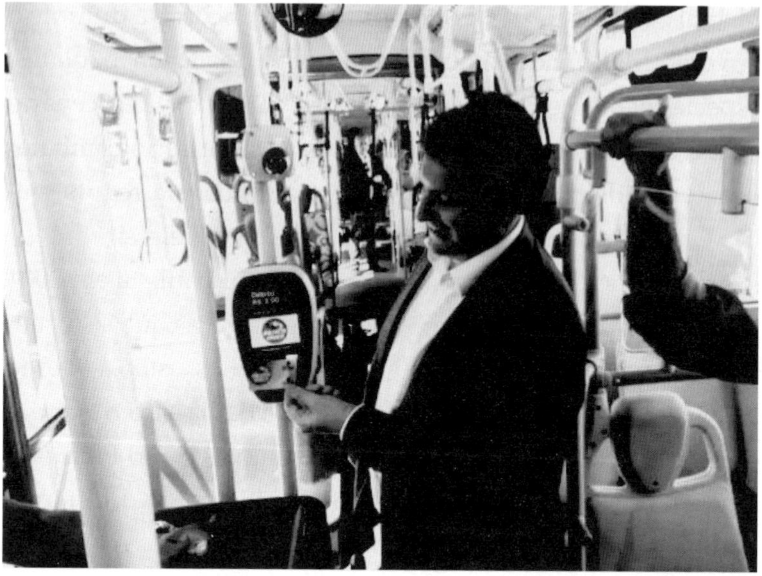

A implantação do Bilhete Único enfrentou resistência, mas hoje está incorporado no cotidiano do paulistano/ Foto: Amanda Previdelli

Essa iniciativa encurtou distâncias urbanas e, ao longo de duas décadas, proporcionou uma economia estimada em 55 bilhões de reais aos usuários, com mais de 51 bilhões de passageiros transportados e 12 bilhões de integrações realizadas. Um estudo conduzido em 2005, um ano após sua implantação, revelou que mais de 60% dos usuários afirmaram ter economizado dinheiro com o uso do Bilhete Único, podendo, assim, destinar mais recursos às despesas domésticas, como alimentação, moradia e lazer. Além disso, mais de 80% dos entrevistados passaram a utilizar ainda mais o transporte por ônibus.

O sucesso do Bilhete Único foi tão expressivo que ele se incorporou à rotina da população paulistana. No início da sua implantação, o Governo do Estado, então sob gestão do PSDB, recusou-se a adotá-lo nas redes do Metrô e da Companhia Municipal de Transportes Coletivos, alegando que o aumento da demanda tornaria a política inviável. Contudo, o Bilhete Único se consolidou como uma política pública eficaz e replicável, o que levou, posteriormente, o Palácio dos Bandeirantes a aderir à proposta e expandi-la para os sistemas de transporte de massa sob sua administração.

Jornadas de junho de 2013

Em 2013, o Partido dos Trabalhadores retornou à administração da capital paulista, desta vez sob a liderança do prefeito Fernando Haddad, e novamente fui convidado a assumir a Secretaria Municipal de Transportes. Logo no primeiro ano, fomos desafiados por uma onda de protestos contra o aumento da tarifa de ônibus, de R$ 3,00 para R$ 3,20. As manifestações foram capitaneadas inicialmente pelo Movimento Passe Livre (MPL), que reivindicava a gratuidade do transporte público, especialmente para os estudantes.

Com o devido distanciamento histórico, é possível hoje fazer uma análise mais aprofundada daquele episódio. A demanda do Movimento Passe Livre era legítima e trouxe à tona importantes questionamentos sobre quem, de fato, tem acesso à cidade. Na época, poucos gestores públicos conseguiram enxergar a possibilidade de romper com a lógica vigente e buscar alternativas. Nós optamos por congelar a tarifa e ampliar a política de gratuidade, garantindo o passe livre estudantil na cidade de São Paulo.

É importante reconhecer que aquelas jornadas recolocaram a pauta da Tarifa Zero — que já havia surgido nos Fóruns Sociais Mundiais de Porto Alegre — no debate público, de forma mais ampla e estruturada, transformando profundamente o cenário político nacional. Entretanto, é importante lembrar que o que começou como uma reivindicação de um grupo de estudantes contra o aumento da passagem se tornou, por motivações que hoje reconhecemos como antidemocráticas, uma onda de protestos marcada por episódios de violência e quebra-quebra generalizado.

Em alguns desses momentos, ao me deslocar entre meu gabinete e o Edifício Matarazzo, sede da prefeitura, percebia uma hostilidade fora do comum. Estava acostumado com protestos — tanto participando quanto lidando com eles —, mas naquela ocasião senti algo diferente no comportamento dos manifestantes. Havia ali uma infiltração violenta, de caráter fascista. Ainda assim, sempre considerei legítima a reivindicação por transporte público gratuito.

Em 2013, eu ainda não via viabilidade na gratuidade integral e universal, mas, com o tempo, mudei de posição. Hoje, além de defender a Tarifa Zero, trabalho politicamente para viabilizá-la no maior número possível de cidades.

Durante o governo Haddad, também avançamos em outras frentes importantes. Ampliamos significativamente o número de faixas exclusivas para ônibus e criamos outras modalidades do Bilhete Único — diário, semanal e mensal —, garantindo mais economia e flexibilidade para os usuários.

No entanto, a marca mais transformadora da política de mobilidade dessa gestão foi a implantação de mais de

500 quilômetros de ciclovias e ciclofaixas. Muito criticado no início, o investimento em mobilidade ativa mostrou-se acertado e hoje representa um verdadeiro patrimônio da cidade. Destaco essa iniciativa porque ela é essencial para a expansão do transporte público: as bicicletas ocupam menos espaço e são ideais para trajetos de curta e média distância, conectando a casa e/ou o trabalho dos usuários às redes de trem, metrô e ônibus.

Covid-19 e eleições 2020

Com a saída de Fernando Haddad da Prefeitura de São Paulo em 2017, embora a macropolítica de mobilidade e transporte implantada pelos governos petistas tenha sido, em grande parte, mantida, alguns retrocessos significativos foram observados. Dois deles merecem destaque: o primeiro foi a alteração no modelo de remuneração das empresas de transporte coletivo, que deixou de considerar a quilometragem rodada e passou a se basear no número de passageiros transportados. Essa mudança não apenas aumentou os custos para o poder público, como também comprometeu a qualidade do serviço prestado, incentivando a superlotação e a redução da frequência de veículos.

O segundo retrocesso foi a redução dos descontos oferecidos nas modalidades diária, semanal e mensal do Bilhete Único, tornando essas opções menos vantajosas para os usuários e penalizando, sobretudo, as camadas mais vulneráveis da população.

Em 2020, o mundo foi assolado pela pandemia de Covid-19, obrigando toda uma reorganização do cotidiano da sociedade. O isolamento social teve impacto econômico em diversos setores, mas um dos mais prejudicados foi o setor de transporte público.

No mesmo ano, nas eleições municipais, fui indicado pelo PT para ser candidato a prefeito de São Paulo. Durante minha campanha, a proposta de Tarifa Zero no transporte público foi uma das principais bandeiras apresentadas aos eleitores paulistanos. O objetivo era criamos um projeto para implantação gradual da Tarifa Zero: inicialmente aos domingos e feriados; depois ampliar para o fim de semana; na sequência, nos horários da madrugada; para desempregados e inscritos no CadÚnico; e finalizar com a gratuidade integral e universal.

Entretanto, pesquisas internas do PT mostravam que o eleitorado paulistano não enxergava viabilidade na Tarifa Zero e, assim, uma proposta que era central não ganhou tanta visibilidade. Por outro lado, ao mesmo tempo em que os paulistanos não deram tanta atenção à gratuidade no transporte público, diversas cidades do país adotaram a Tarifa Zero como política de mobilidade.

Mais do que uma simples recuperação histórica das políticas de mobilidade dos governos petistas em São Paulo, essa trajetória mostra como políticas públicas são concebidas, aprimoradas e implementadas ao longo do tempo. Uma ideia que não chegou a ser plenamente executada no governo Erundina (Tarifa Zero) inspirou outra no governo Marta (Bilhete Único), que foi aperfeiçoada e integrada a novas estratégias de mobilidade ativa no governo Haddad. Em resumo, trata-se de um processo coletivo, construído ao longo de décadas.

Em 2022, fui eleito Deputado Federal pelo PT de São Paulo, defendendo a bandeira da Tarifa Zero no transporte público. Entendendo que já contribuí muito no papel de gestor no poder executivo, quis voltar à Câmara Federal para atuar no campo legislativo e político, articulando propostas que viabilizem essa iniciativa para todas as cidades do Brasil. Nesse sentido, em dois anos (2023 e 2024), apresentei projetos de lei para torná-la possível, além de presidir, na Câmara dos Deputados, a Frente Parlamentar em Defesa da Tarifa Zero — assuntos que irei detalhar mais à frente.

Levantando a bandeira da Tarifa Zero

Minha trajetória pessoal e política me fez o gestor que mais tempo ficou à frente da Secretaria Municipal de Transportes de São Paulo, sendo responsável por políticas transformadoras de transporte público e mobilidade que até hoje permitem que milhões de pessoas possam se locomover de forma mais eficiente, mais barata e mais saudável pela cidade. Políticas essas que se tornaram referência e se espalham por centenas de cidades do Brasil.

Na época, eu não imaginava que essa função mudaria completamente a minha vida. A identificação com o tema do transporte público foi tão profunda que, embora historiador de formação, decidi aprofundar meus estudos na área. Realizei um mestrado em Ciências na Escola Politécnica da Universidade de São Paulo (Poli-USP), no qual analisei o impacto das políticas públicas de mobilidade na capital paulista — pesquisa que defendi em 2015 –, tema sobre o qual sigo me dedicando até os dias atuais.

Passei boa parte da minha vida na periferia de São Paulo, o que me proporcionou uma compreensão profunda das dificuldades enfrentadas diariamente pelos usuários do transporte público. Como gestor, tive acesso a diversas experiências e práticas que demonstram ser possível adotar um novo modelo de mobilidade urbana. Para mim, a Tarifa Zero representa uma política pública com potencial de promover uma transformação estrutural na forma de se locomover nas cidades, além de garantir a todas as pessoas o pleno direito de acesso àquilo que a cidade tem a oferecer.

É preciso reconhecer, no entanto, que todos esses avanços descritos até aqui ainda não foram suficientes para garantir o acesso pleno à cidade para todas as pessoas. A catraca do ônibus continua sendo uma barreira econômica e social que exclui milhões de cidadãos do direito à mobilidade.

Mas a gratuidade no transporte não é uma epifania. É uma construção de uma política com base na experiência da gestão, na observação de outras políticas como Sistema Único de Saúde (SUS) e Sistema Único de Assistência Social (SUAS), por exemplo.

Nessa perspectiva, a Tarifa Zero no transporte público se apresenta como uma alternativa concreta ao modelo vigente — ultrapassado, caro, ineficiente e excludente — que impõe a imobilidade a uma parcela significativa da população. Essa política rompe com a lógica das cidades estruturadas prioritariamente para o transporte individual motorizado, promovendo uma inversão de paradigma em favor da mobilidade coletiva, acessível e democrática.

Mais do que uma medida de gratuidade, a Tarifa Zero provoca a sociedade e o poder público a repensarem o conceito de mobilidade urbana. Obriga-nos a refletir sobre a necessidade de uma política inclusiva, que assegure o acesso pleno aos serviços, oportunidades e bens — públicos e privados — que uma cidade oferece, independentemente da renda ou do local de moradia.

Até algumas décadas atrás, o planejamento de transporte urbano tinha como foco quase exclusivo a engenharia de tráfego, voltada majoritariamente para a fluidez dos veículos, em especial dos automóveis. No entanto, diante das transformações sociais, econômicas e ambientais pelas quais as cidades vêm passando, essa lógica tem sido gradualmente superada. O carro deixa de ocupar o centro das decisões e passa a dividir protagonismo com as pessoas e com o meio ambiente, marcando uma transição rumo a modelos de mobilidade mais sustentáveis, inclusivos e voltados à qualidade de vida urbana.

Também é preciso reconhecer a força e a importância da indústria automobilística em relação a sua cadeia econômica completa, bem como a importância cultural, sendo o carro mais do que um bem utilitário, mas também uma questão de status. Entretanto, em tempos de mudança climática, e reconfiguração das cadeias econômicas, é fundamental formular políticas capazes de transformar o imaginário social sobre a mobilidade, estimulando a transição de um modelo centrado no transporte individual para alternativas coletivas, mais sustentáveis e alinhadas às mudanças econômicas e sociais em curso.

Portanto, gestores públicos e a sociedade devem buscar um sistema de transporte que elimine desigualdades sociais, assegure o acesso universal à cidade, fortaleça a economia descentralizada e promova o bem-estar social e ambiental.

Em toda a minha trajetória como gestor público, tenho me guiado por uma frase do urbanista Enrique Peñalosa, ex-prefeito de Bogotá: "Uma cidade avançada não é aquela em que os pobres andam de carro, mas aquela em que os ricos usam transporte público."

Inspirado por esse princípio, escrevi este livro em defesa da Tarifa Zero, reunindo reflexões, dados e experiências de políticas de gratuidade que geraram impactos sociais e econômicos positivos. Minha intenção é contribuir para que leitores e leitoras questionem o modelo atual de mobilidade urbana e reconheçam na Tarifa Zero uma alternativa viável para qualificar os sistemas municipais e garantir, de forma plena, o direito de ir e vir a todas as pessoas.

Capítulo 2
Quem tem acesso à cidade?

O Brasil é um país marcado por grandes desigualdades sociais, econômicas e geográficas, que acabam por determinar o acesso das pessoas aos espaços públicos. Esse acesso pode ser entendido tanto pelo lado da oferta local de um serviço, quanto pelo lado de conseguir chegar aonde o serviço é prestado.

É preciso reconhecer que de 2003 para cá, a rede de oferta de serviços públicos cresceu de forma significativa, incluindo milhões de brasileiros no cotidiano do SUS, educação pública e de equipamentos de cultura e lazer. Entretanto, para uma fração significativa da população, em especial aquela moradora das periferias e zonas rurais das cidades, o acesso universal não é garantido.

Em cidades grandes e desiguais, como as da América Latina, o CEP da residência pode determinar o quanto de oportunidades uma pessoa terá no mercado de trabalho, nos estudos e na própria vivência da cidade. Moradores de periferia são muitas vezes preteridos e apartados em relação a moradores de regiões mais centrais, pois o tempo e o custo de deslocamento tornam o ir e vir um privilégio, e não um direito. E essa desigualdade vai além do aspecto financeiro e territorial. O tempo gasto no transporte público por quem vive nas periferias das cidades é um tempo retirado do estudo, do lazer, do convívio familiar e do descanso.

Para além das questões econômicas e sociais, existe também a questão de como a mobilidade urbana impacta a vida das pessoas. Moradores da periferia, no transporte público, se tornam apenas seres existentes, pessoas que ficam suspensas no tempo, enquanto se deslocam. Nas horas que estão em trânsito, perdem vivências, relações, oportunidades – e isso também é desigualdade.

As cidades são feitas para carros

No Brasil, o transporte público surge no contexto de urbanização vertiginosa das grandes cidades, que teve início com a chegada do século XX, onde era preciso locomover as pessoas para dar continuidade e velocidade ao desenvolvimento da economia. Como bem nos lembram Assad e Queiros (2015), o transporte público é um direito social, mas que em última instância visa atender o modo de produção vigente.

Brasileiro e Henry (1999), por sua vez, argumentam que a falta de uma política centralizada de transporte urbano específica no Brasil favoreceu a expansão do transporte rodoviário. A iniciativa privada, aproveitando-se desse cenário, impulsionou o desenvolvimento da viação, consolidando o automóvel e o ônibus como os principais modos de transporte nas cidades.

A influência da indústria automobilística na política de transporte do Brasil é gritante. O plano de desenvolvimento do presidente Juscelino Kubitschek "50 anos em 5" priorizou a construção de rodovias em detrimento de ferrovias. O resultado: caminhões são responsáveis pela movimentação de 60% das cargas; ônibus e automóveis, responsável pelo deslocamento de 90% dos passageiros (Godeiro, 2012).

O automóvel, mais do que um meio de locomoção, consolidou-se como símbolo de status social, associando-se a sofisticação, distinção e poder aquisitivo (Bastos; Martins, 2012). Cardoso (2008) argumenta que essa influência cultural modelou o planejamento urbano, fortalecendo a infraestrutura para o transporte individual, que consome vastos recursos públicos e perpetua desigualdades.

É quase impossível dissociar o modelo de planejamento urbano do interesse da cadeia econômica do automóvel, que é uma das mais completas (vai desde a extração do minério, passando pela transformação, venda e financiamento, até serviços de seguro e manutenção, entre diversas partes), em detrimento do interesse coletivo. Raquel Rolnik (2013) aponta que, na cidade de São Paulo, carros particulares são responsáveis pelo transporte de 28% das pessoas, porém ocupam 80% do espaço nas vias. Por sua vez, os ônibus, de linha ou fretados, transportam 68% da população e ocupam apenas 8% das ruas e avenidas.

O protagonismo do automóvel no planejamento urbano resulta em projetos voltados à fluidez viária, o que reforça a desigualdade nos investimentos públicos, pois utilizam recursos de todos os cidadãos em políticas que favorecem apenas proprietários de carros (Boareto, 2021).

Nas cidades brasileiras, boa parte os moradores ainda é refém de uma política excludente de mobilidade urbana, pois a lógica de locomoção prioriza os veículos particulares. De acordo com um levantamento feito com a NTU (Associação Nacional das Empresas de Transportes Urbanos), os automóveis ocupam 70% do espaço viário e transportam 25% das pessoas, enquanto os ônibus ocupam menos de 10% e transportam 40% da população. O acesso a espaços e serviços públicos e privados dependem majoritariamente de quanta renda uma pessoa tem disponível para se locomover.

A Constituição Federal de 1988 traz um rol de direitos sociais que devem ser garantidos pelo poder público, como educação, saúde, alimentação, trabalho, moradia, transporte etc. Prevê, inclusive, que se dê por meio de ações positivas, ou seja, que o Estado atue diretamente na promoção, implementação e execução de políticas públicas para assegurar tais direitos. Contudo, é possível afirmar que, no que se refere a questão do transporte, a oferta por parte da União, estados e municípios está aquém das necessidades da população.

A Constituição ordenou os sistemas de transporte, criando o modelo que utilizamos hoje em dia. Os municípios ficaram responsáveis pela gestão e operação do transporte urbano. Porém, o reconhecimento do transporte como um direito social só foi ocorrer 27 anos depois. Pode parecer uma questão menor, mas diz muito sobre a orientação de nossas políticas públicas nas últimas décadas, que priorizou o transporte individual em detrimento do transporte coletivo.

A Confederação Nacional dos Dirigentes Lojistas (CNDL), em parceria com outros órgãos e o Sebrae (Serviço Brasileiro de Apoio às Micro e Pequenas Empresas) realizou em 2022 um estudo que apresenta um raio X da mobilidade urbana. A pesquisa apontou que, entre 2021 e 2022, 26,8% das pessoas deixaram de ir a algum lugar ou foram a pé por falta de dinheiro; 26,4% relataram não terem se deslocado por falta oferta de transporte público em um determinado horário, enquanto 21,9% deixaram de fazer algo por falta de opção de transporte público.

Destaca-se que quase 80% dos entrevistados consideram comum que indivíduos deixem de realizar determinadas atividades em razão de dificuldades de locomoção. As atividades mais frequentemente comprometidas incluem: lazer (43,9%), compras (24,8%), atendimentos de saúde (23,1%) e trabalho (23%). O estudo também investigou a experiência de usuários do transporte público, indicando que aproximadamente 42% dos entrevistados já enfrentaram obstáculos para ingressar no mercado de trabalho em função da quantidade excessiva de conduções necessárias até o local de exercício profissional (CNDL, 2022).

Já a Pesquisa de Mobilidade da População Urbana, realizada pela CNT (Confederação Nacional do Transporte) e NTU em 2017, o ônibus é o modo de transporte coletivo mais utilizado nas cidades brasileiras, sendo, na maior parte delas, a única alternativa de deslocamento para milhares de pessoas, sobretudo aquelas pertencentes às classes C, D e E. O estudo mostrou que, do total de viagens realizadas por essas classes, 41,6% (classe C) e 48,5% (classes D/E) são feitas por meio de ônibus.

Dados da Pesquisa de Orçamento Familiar, divulgada pelo IBGE (Instituto Brasileiro de Geografia e Estatística) em 2021, apresentaram o peso do transporte no bolso das pessoas. A despesa *per capita* mensal com transporte ficou apenas atrás de gastos com habitação, sendo estimada em R$ 234,08, enquanto a com alimentação foi da ordem de R$ 219,44.

Os dados acima apontam o impacto potencial que o acesso – ou a falta dele – ao transporte tem na economia, no trabalho e na saúde, assim como indicam quais camadas sociais são mais dependentes do transporte público e o impacto disso na renda.

Imagem: Matheus Barbosa

A imagem acima, que costumo mostrar nas minhas palestras sobre a Tarifa Zero, ilustra de forma clara a distribuição dos diferentes tipos de veículos na cidade de São Paulo. A Radial Leste, uma das principais avenidas da Capital, que liga a Zona Leste à região central, é majoritariamente ocupada por carros, e nos serve de exemplo de quão ineficiente é uma política que prioriza o veículo particular, tanto do ponto de vista da mobilidade urbana, quanto da questão ambiental. Se ônibus ocupassem o espaço dos carros, a quantidade de pessoas transportadas seria sete vezes maior, enquanto a emissão de CO_2 seria cinco vezes menor.

Mudanças sociais e o protagonismo do veículo particular

Como visto, o culto ao carro é uma construção de décadas de atuação pesada da indústria automobilística, com apoio incondicional do poder público. De Juscelino Kubitschek para cá, é razoável afirmar que todo governo teve ações para fortalecer essa cadeia econômica, em todas as esferas federativas.

Em sua dissertação de mestrado, Ortolan (2024), aponta que a partir de 2007, teve início a fase desenvolvimentista do segundo governo do presidente Luiz Inácio Lula da Silva, com a instituição de ações como Minha Casa, Minha Vida, Programa de Aceleração do Crescimento (PAC) e uma política de desonerações fiscais que favoreceram a indústria automobilística. Os governos petistas promoveram a ascensão social das classes E e D, esta última ascendendo à C, já considerada parte da classe média. Esse processo de aumento de renda foi acompanhado pela ampliação da cesta de consumo, com a incorporação de gastos tradicionalmente associados à classe média tradicional, como plano de saúde privado, escolas particulares, aluguel e financiamento habitacional. Nesse contexto, impulsionado por políticas governamental de estímulo à indústria automobilística, observou-se a explosão no número de financiamento de carros e motos (Ortolan, 2024; Andrés, 2022).

De (Daudt e Wilcox, 2018), descrevem que, de 2003 a 2011 o aumento de 46,3% na renda real das famílias brasileiras ampliou o poder de compra da população, incorporando a classe C ao mercado consumidor. Esse crescimento econômico criou condições para o mercado expandir o crédito, que saltou de 22% para 50% do PIB entre 2002 e 2012, fator crucial para a economia do setor automotivo, onde mais da metade das vendas dependia de operações de crédito.

Mesmo com o impacto da crise de 2008, o setor automotivo brasileiro se recuperou rapidamente graças a medidas anticíclicas, como a redução de impostos e o fortalecimento da atuação de bancos públicos para compensar a retração do crédito privado. Isso ajudou a manter o crescimento da indústria automotiva, que apresentou forte expansão nos indicadores de produção e faturamento. Entre 2007 e 2010, o setor cresceu, alcançando seu pico de vendas em 2013, com faturamento líquido de cerca de US$ 87 bilhões (Daudt e Wilcox, 2018).

Em 2003, a frota brasileira era de aproximadamente 24,5 milhões de veículos, e em 2010 esse número já ultrapassava os 39 milhões, refletindo um crescimento aproximado de 60% no período (Rodrigues, 2013).

O aumento da frota, nessa magnitude, congestionou as ruas das grandes cidades. Em seu doutorado, Andrés (2022) ressalta que essa ascensão fez a classe C migrar do transporte público para o carro particular, o que se traduziu em perda de receita nas empresas de transporte e pressão por aumento nas tarifas, prejudicando o orçamento e a qualidade de vida daquelas pessoas que não conseguiram ascender ao novo padrão.

A forma como a cidade se move e seus impactos

Como já dissemos, a mobilidade é um tema transversal que impacta questões estruturantes de nossa sociedade. O ato de se locomover tem enorme impacto ambiental, obrigando os gestores públicos, empresas e sociedade civil organizada a trabalharem na construção de alternativas que reduzam a poluição e degradação ambiental nos espaços urbanos.

As diversas crises correntes – como a mudança climática, a pandemia e a inflação – impulsionam a necessidade de uma ampla discussão sobre a Tarifa Zero. Reduzir as emissões de gases no setor de transporte, mitigar o aumento de temperatura em nossas cidades durante as ondas de calor e aliviar nossa população da pressão inflacionária do aumento do custo de vida são medidas urgentes e indispensáveis.

Portanto, políticas que priorizem o transporte público em relação ao particular transcendem a questão da mobilidade, pois criam clima para uma discussão também sobre a justiça espacial nas cidades. Ao destinar menos espaço para veículos particulares, o espaço sobressalente das ruas poderá ser usado para criar pontos de drenagem e plantio de árvores, especialmente nas regiões periféricas, que, em geral, são menos arborizadas e registram temperaturas mais elevadas do que bairros com mais árvores, geralmente de alta renda.

A Tarifa Zero é uma política pública que também está, portanto, no centro das discussões sobre preservação ambiental, mudanças climáticas e qualidade de vida. Quando falamos de bem-estar, a saúde é um aspecto fundamental.

No livro *Vida Urbana e Saúde — Os Desafios dos Habitantes das Metrópoles*, o médico patologista Paulo Saldiva, apresenta relações entre o planejamento urbano e seus impactos na saúde humana, destacando, entre outros pontos, os efeitos negativos do trânsito. Em entrevista para o site Summit, Saldiva ressalta o alto nível de estresse associado ao ato de dirigir frequentemente em uma cidade grande, cheia de congestionamento.

O médico aponta que os níveis de poluição em um corredor de tráfego podem ser o dobro ou o triplo do que em outras áreas da cidade, e os efeitos cumulativos da exposição ao estresse e gases trazem prejuízos à saúde no médio e longo prazo. Nesse contexto, o transporte público gratuito pode contribuir para a redução de carros particulares nas ruas, o que reduz o tempo de viagem e a quantidade de veículos e, consequentemente, a poluição.

Entretanto, em um país cuja urbanização foi pensada na locomoção individual através do automóvel, não podemos ser ingênuos de supor que as pessoas migrarão automaticamente para o transporte público só por ele ser gratuito. É preciso criar uma série de políticas de incentivos para que os ônibus sejam mais rápidos, confortáveis e eficientes, de modo que a opção pelo carro seja menos atrativa.

Embora vivamos em um momento em que o carro é cada vez mais visto como um meio de transporte, e não como um símbolo de status social, o automóvel ainda mantém aspectos que são atraentes, como conforto e sensação de segurança, mesmo que isso signifique passar mais tempo preso no trânsito. Por isso, é fundamental o poder público assumir o papel de indutor de investimento em infraestrutura e tecnologias de mobilidade, criando condições para que as cidades ofereçam o melhor serviço possível. Ser apenas gratuito não basta. Precisa ser atrativo e vantajoso.

No capítulo 4, vou apresentar ideias de como construir um consenso social a respeito da Tarifa Zero. Antes disso, vamos conhecer alguns casos de cidades que implementaram a gratuidade universal e integral no transporte público.

Quem organiza essa bagunça?

O ente federativo sobre o qual concentra a maior responsabilidade pela provisão do serviço de transporte urbano e rural é o município. No modelo vigente, cabe aos gestores municipais enfrentarem diversos problemas, que vão desde o número insuficiente de veículos e linhas, mau estado de conservação dos veículos, má qualidade das vias e, até, em casos mais grave, a ausência da prestação de serviço, especialmente nas localidades mais afastadas dos grandes centros, normalmente ocupadas por famílias de baixa renda.

Atualmente, os sistemas municipais de transporte são organizados de forma setorial, sem considerar a transversalidade dessa política pública e os impactos que ela gera em outros setores da economia e no acesso a serviços essenciais. Contudo, o que realmente afeta a vida das pessoas é o custo do transporte. Isso porque o modelo de financiamento do transporte público baseia-se quase integralmente nas tarifas pagas pelos usuários.

Um olhar mais atento sobre o tema permite identificar um ciclo vicioso. A baixa qualidade do serviço em relação ao custo afasta usuários do sistema, o que reduz a arrecadação. Por sua vez, a queda na receita gera pressão para o aumento das tarifas, a fim de cobrir os custos operacionais. Tarifas mais altas afastam ainda mais passageiros – aqueles que podem recorrem ao transporte individual –, enquanto muitos são excluídos por não conseguirem arcar com o valor, agravando a situação.

Esse cenário resulta em um declínio gradual e constante de passageiros no transporte público, que, apelando para veículos particulares, fazem crescer o congestionamento nas vias e a poluição. Pior ainda, milhões de pessoas deixam de se locomover por não terem condições financeiras de pagar a tarifa. Estamos diante de um problema estrutural que se agrava à medida que as práticas atuais se repetem, sem gerar resultados positivos capazes de, sob uma análise criteriosa e honesta, justificar novos investimentos.

Como quebrar esse círculo vicioso?

Estamos tão condicionados à ideia de pagar para nos locomover que esquecemos de olhar para o lado em busca de alternativas ou até mesmo de exemplos de serviços públicos que não cobram do usuário a execução, pois são custeados pelos contribuintes. Esquecemos inclusive que muito daquilo que pagamos com impostos é direcionado para um sistema de trânsito que privilegia o transporte individual.

No entanto, existem diversos exemplos de serviços públicos essenciais que funcionam sem cobrança direta do usuário, como a educação básica, a saúde pública e a coleta de lixo, todos custeados por recursos públicos. Por que, então, o transporte público, que é fundamental para a mobilidade e o acesso a direitos básicos como trabalho, saúde e educação, ainda depende quase que exclusivamente do pagamento direto pelo usuário?

Diante de dificuldades no custeio dos sistemas municipais de transporte, a solução adotada foi a transferência dos custos aos usuários, por meio do aumento das tarifas, sem que houvesse, contudo, melhorias perceptíveis na qualidade do serviço. Nesse processo político, as prefeituras aplicam reajustes próximos ao limite da tolerância social, permitindo que as empresas elevem seus lucros ao reduzir a qualidade oferecida à população pagante.

Para romper o ciclo vicioso que compromete os sistemas públicos de transporte, é essencial reconhecer a ineficiência estrutural vigente, em que a repetição das políticas adotadas não traz melhorias reais aos usuários. Consequentemente, a sociedade enfrenta insuficiência de veículos e linhas, congestionamento, poluição e tarifas elevadas.

A partir desse diagnóstico, é possível formular políticas de mobilidade que garantam o direito constitucional de ir e vir, e assim consolidar o transporte público como instrumento fundamental para a inclusão social e o acesso pleno às cidades. Ao buscarmos experiências que acontecem por aí, vemos que as políticas de gratuidade ou subsídio são as mais bem-sucedidas.

Tarifa Zero é a solução

No Brasil, o debate sobre a gratuidade universal no transporte público ganhou destaque durante a gestão de Luiza Erundina (então no Partido dos Trabalhadores) à frente da Prefeitura de São Paulo, entre 1989 e 1992. Na época, o então

Secretário Municipal de Transportes, Lúcio Gregori, foi o responsável por introduzir a proposta da Tarifa Zero no debate público. Embora a iniciativa não tenha avançado naquele momento, a ideia foi semeada e continuou a inspirar discussões nas décadas seguintes.

Mais do que garantir a livre locomoção das pessoas — especialmente das populações periféricas, que, em geral, têm menor renda e precisam percorrer maiores distâncias para acessar bens e serviços públicos e privados —, a proposta da Tarifa Zero coloca em questão o modelo tradicional de financiamento e gestão do transporte coletivo no Brasil. Ao desafiar a lógica baseada na arrecadação tarifária direta, a proposta aponta para alternativas que priorizam o direito à mobilidade urbana como um bem público essencial.

A composição de preços da passagem de ônibus na maioria dos municípios é feita com base na planilha do Grupo Executivo de Integração da Política de Transportes (Geipot), criada em 1965. Atualmente esse modelo vem sendo gradualmente substituído por uma nova referência elaborada pela Associação Nacional de Transporte Públicos (ANTP). Em ambos os casos, grosso modo, os custos fixos e variáveis são divididos pela soma do número de passageiros. Essa é uma política federal, que incentiva os municípios a adotarem-na através da padronização de procedimentos (Gomes, Baiardi, Zione, 2023).

Esse modelo costuma deixar a gestão pública suscetível à pressão das empresas para adequações tarifárias que cubram a inflação e a variação nos custos. Uma saída muito utilizada em cidades médias e pequenas é adotar tarifas praticadas nas cidades grandes.

De acordo com os pesquisadores Gomes, Bairdi e Zione (2023), só será possível conter essa fuga de passageiros, quando o transporte público coletivo como um serviço orientado para o bem-estar da população, e não como uma mercadoria comercializável.

Nesse contexto, a Tarifa Zero surge como uma política pública redistributiva, que rompe com toda uma lógica vigente. Trata-se de uma política muito mais ampla do que apenas a gratuidade de transporte, implicando, gradualmente, em mudanças estruturais no sistema de financiamento do transporte público. Ela também se atrela a um debate de renovação tecnológica, da cadeia de produção, de incentivos econômicos à indústria, reformulação urbanística, acessibilidade e sustentabilidade ambiental.

Os benefícios imediatos da Tarifa Zero são evidentes: economia de dinheiro para as famílias e ampliação do acesso à cidade em sua totalidade.

Contudo, de modo geral, os meios de transporte são vistos como um pêndulo incessante que leva as pessoas de casa para o trabalho e do trabalho para casa. Essa visão é tão forte que um número significativo de cidades que ofertam gratuidade planejou a política de acordo com o fluxo de trabalhadores e horários que eles se deslocam, numa visão utilitarista e simplista, que reduz o ser humano a uma peça de uma engrenagem.

A Tarifa Zero, em sua forma integral e universal, como defendida neste livro, parte do pressuposto de que as pessoas têm o direito de ir e vir simplesmente porque desejam, e não apenas por motivos produtivos ou mercantis. Ter transporte gratuito para trabalhar e estudar é bom, mas é melhor ainda ter Tarifa Zero para visitar a família, ir ao cinema, ao parque, namorar ou apenas circular pela cidade. O transporte público gratuito deve ser entendido como um direito que viabiliza o exercício pleno da cidadania.

Além disso, o recurso que seria gasto com o transporte vira consumo em outros setores da economia e fortalece em especial o comércio dos bairros. Isso não é pouca coisa. Um bom paralelo é o programa Bolsa Família, que, de acordo com o IPEA (Instituto de Pesquisas Econômicas Aplicado), em 2013, cada um real investido no programa se transforma em R$ 2,40 no consumo das famílias e adiciona R$ 1,78 no Produto Interno Bruto (PIB). A Tarifa Zero, ao liberar recursos das famílias e dinamizar a economia local, pode seguir lógica semelhante, contribuindo para um ciclo virtuoso de inclusão social e desenvolvimento econômico.

É preciso levar em conta que a maioria das pessoas que usa transporte público pertence às camadas de baixa renda. Considerando o valor médio da tarifa de ônibus no Brasil, de acordo com a NTU, a Tarifa Zero pode representar uma economia diária de R$ 9,20 para uma pessoa, levando em conta ida e volta. São R$ 202,40 se levarmos em conta somente os dias úteis. Para uma família de quatro pessoas, essa economia chega a aproximadamente R$ 810 mensais. Um valor desse talvez não vire poupança, mas é provável que seja reinjetado no comércio local, aquecendo o comércio e serviços de bairro.

Esse dinheiro, ao ser redirecionado a outras cadeias econômicas, gera mais arrecadação tributária, que pode ser usada pelo poder público para custear o próprio sistema de transporte coletivo, garantindo sua gratuidade universal de forma sustentável.

Moradores das regiões centrais de uma cidade não se dão conta do quanto são privilegiados por terem acesso à plenitude de serviços públicos e privados, que geralmente se concentram nessas localidades, sem a necessidade de grandes deslocamentos. No município de São Paulo, por exemplo, não é raro encontrar pessoas que moram nos extremos das zonas Sul e Leste que não conhecem a Avenida Paulista ou Parque do Ibirapuera, cartões postais da cidade.

Essa exclusão frequentemente se dá por barreiras financeiras, uma vez que se deslocar de transporte público ou individual motorizado tem um custo que funciona como um impeditivo real para boa parte da população. A Tarifa Zero torna acessível cada canto e serviço disponível na cidade.

Um exemplo pessoal ilustra esse ponto: na véspera do segundo turno das eleições de 2022, peguei um táxi para minha casa em São Paulo. O motorista foi logo puxando papo e começou assim: "Amanhã é dia de conhecer a cidade toda de graça. Vou andar de ônibus da Zona Sul à Zona Norte", comentando a medida do Supremo Tribunal Federal (STF) que permitiu às cidades oferecerem gratuidade no transporte público no dia da votação. Mesmo sendo taxista — e, portanto, alguém que conhece bem a cidade —, chamou-me a atenção sua empolgação em circular de ônibus apenas porque o serviço estaria disponível gratuitamente. Isso revela o valor simbólico e prático da Tarifa Zero: o transporte deixa de ser uma barreira e passa a ser um convite à vivência urbana.

Como destacam Lopes, Fernandes e Aquino (2023), "quando os sistemas de transporte são eficientes, eles geram oportunidades econômicas e sociais mais equânimes, facilitando o acesso ao emprego, à educação e a outros serviços urbanos essenciais".

Um exemplo concreto da eficácia da Tarifa Zero vem do estudo de Gonçalves e Santini (2023), que analisaram os efeitos da medida em Mariana (MG), comparando com a vizinha Ouro Preto (MG), municípios semelhantes em perfil demográfico e socioeconômico. Em janeiro de 2020, antes da pandemia, Ouro Preto transportava cerca de 400 mil passageiros por mês, enquanto Mariana transportava apenas 200 mil. Em janeiro de 2022, menos de um mês após a implementação da Tarifa Zero em Mariana, a cidade ultrapassou Ouro Preto em número de viagens, revelando uma demanda reprimida, afastada do sistema por razões econômicas. O mesmo estudo cruzou os dados de deslocamentos com o cadastro do CadÚnico e verificou que, quanto mais vulnerável era a região, maior foi o aumento da demanda por transporte — confirmando que a Tarifa Zero atinge diretamente as populações que mais precisam.

Pessoas transportadas nas linhas urbanas de Mariana e de Ouro Preto

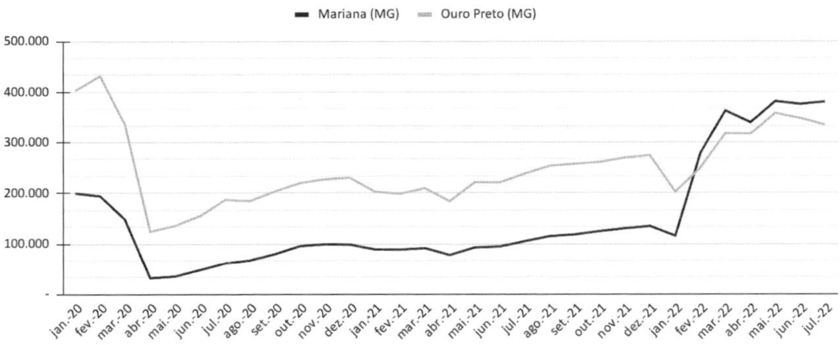

Elaboração: Cristiane Costa Gonçalves, Daniel Santini (2023)

Em entrevista concedida em 2023 ao *Journal of Sustainable Urban Mobility*, Lucio Gregori apontou que, em cidades como Maricá (RJ) e Caeté (MG), a implantação da Tarifa Zero resultou em aumento da demanda de 300%. Afirmou também que Caucaia (CE), maior cidade que pratica a gratuidade universal no transporte público, esse crescimento chegou a impressionantes 400%.

No próximo capítulo, abordarei em mais detalhes os casos de Maricá, Caucaia e outras experiências relevantes. Meu objetivo neste momento é enfatizar que, uma vez implementada, a Tarifa Zero transforma profundamente a relação dos cidadãos com o espaço urbano. Quando se ultrapassa a visão estritamente utilitarista da mobilidade, percebe-se que locomoção é, acima de tudo, vida. Para um número expressivo de pessoas, sobretudo das periferias, isso era inacessível, não por falta de vontade, mas pelo custo que o deslocamento impunha. A Tarifa Zero rompe essa barreira econômica e inaugura uma nova etapa de inclusão urbana e cidadania.

Capítulo 3
Onde já tem Tarifa Zero

A Tarifa Zero não é uma pauta exclusiva do Brasil. Esse debate está quente em diversos locais do mundo, como Estados Unidos e China, além de muitos países da Europa. Como mencionado anteriormente, a pandemia de Covid- 19 evidenciou a importância da locomoção nas cidades. O movimento de pessoas é que faz a economia pulsar, por isso diversas localidades adotaram o transporte gratuito para garantir a locomoção das pessoas, mas também vale aproveitar as externalidades positivas da política, como redução do número de veículos nas ruas e diminuição da poluição.

O mundo sem catraca

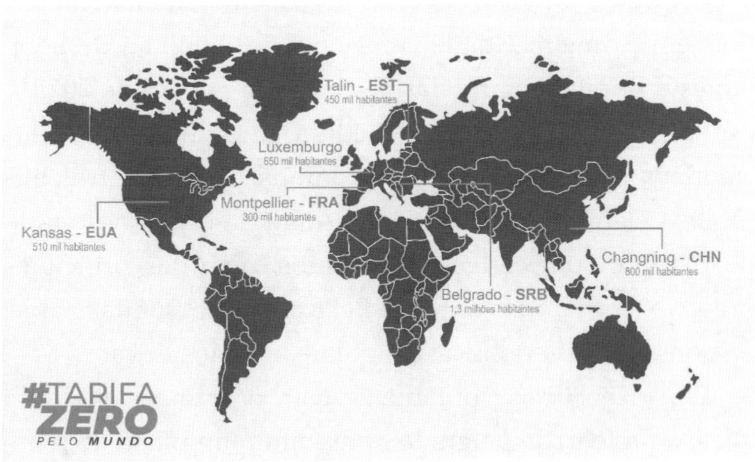

Imagem: Matheus Barbosa

Mesmo com o arrefecimento da pandemia e a retomada gradual da economia, desde 2022, todo mês, mais cidades adotam a Tarifa Zero em seus sistemas de transporte. Na Espanha, Ilhas Canárias e Palma de Mallorca; Kalisz na Polônia; Dunquerque e Montpellier na França; Albuquerque e Kansa City nos Estados Unidos; Tallin, capital da Estônia; e Belgrado, capital da Sérvia.

Vale destacar o caso de Kansas City, cidade que possui aproximadamente 510 mil habitantes. Em vigor desde março de 2020, a gratuidade garantiu um aumento de 13% no número de passageiros, porém, como destaca Dellhein (2023), a política resultou numa perda de arrecadação de U$ 8 milhões. Esse valor foi compensado com recursos de um fundo federal destinado a apoiar os municípios durante a pandemia de Covid-19. Esse exemplo mostra o quanto é fundamental a participação de outras esferas de governo no cofinanciamento dos sistemas de transporte público.

Belgrado é possivelmente o caso mais emblemático, pois é a primeira cidade com mais de 1 milhão de habitantes a implementar a Tarifa Zero. Em janeiro de 2025, a capital da Sérvia adotou a medida, permitindo que seus cidadãos e visitantes utilizem ônibus, bondes e trólebus (ônibus elétrico) gratuitamente. Além da questão do tempo perdido com congestionamentos, uma das principais preocupações do prefeito de Belgrado, Aleksandar Šapić, responsável pela política, é a poluição atmosférica.

Em razão disso, juntamente com o anúncio da Tarifa Zero, o prefeito de Belgrado apresentou um plano de renovação da frota de veículos do transporte público, cuja conclusão estava prevista para o final de 2025 — todos os veículos terão sido fabricados a partir de 2022. Ademais, o metrô da cidade tem conclusão prevista para 2030 e será integrado ao sistema gratuito.

As mudanças são recentes, portanto, e ainda não é possível avaliar de forma profunda os impactos da medida sobre a administração pública, o trânsito local e o meio ambiente. No entanto, é certo que os olhares dos entusiastas da Tarifa Zero estarão voltados para Belgrado.

Seguindo nesse contexto, é importante destacar os casos de Luxemburgo e Malta. Embora sejam países de pequena extensão territorial, ambos garantem transporte público gratuito de forma universal.

Estive em Luxemburgo em 2023, onde participei de uma audiência com o Ministro de Transporte, François Bausch, que me apresentou o plano nacional de mobilidade sustentável do país. A meta é, até 2035, torná-lo um modelo de referência em políticas de mobilidade urbana, com foco na integração entre modais, otimização da rede de transportes e sustentabilidade ambiental.

Segundo o ministro François Bausch, a gratuidade no transporte público, implementada em 2020 para todos os residentes, trabalhadores transfronteiriços e turistas, é apenas um dos pilares da estratégia. A política busca, sobretudo, transformar os hábitos de deslocamento da população e combater os altos índices de congestionamento — um desafio significativo, considerando que Luxemburgo tem uma das maiores taxas de veículos per capita da Europa.

A gestão do país entende que não basta oferecer transporte gratuito; é necessário realizar uma ampla reestruturação da rede de transporte público, com estudos técnicos detalhados para facilitar a integração entre os diferentes modais — especialmente com a bicicleta, por meio da ampliação de ciclovias e bicicletários nos pontos de conexão.

Além disso, está em andamento um processo de racionalização das linhas, com o objetivo de reduzir o número de integrações e criar trajetos diretos para os corredores de maior demanda, melhorando a eficiência e o tempo de viagem dos usuários. O plano também prevê investimentos em veículos elétricos e infraestrutura inteligente, visando reduzir a emissão de gases poluentes e melhorar a qualidade do ar.

Brasil: o país da Tarifa Zero

O Brasil é um país de escala continental e possui 5.570 municípios. Apenas 319 têm mais de 100 mil habitantes; 337 entre 50 mil e 99 mil habitantes; 2.418 entre 10 mil e 49 mil habitantes; 1.170 entre 5 mil e 9.900 habitantes; 1.322 abaixo de 5 mil habitantes. De acordo com Gomes, Baiardi e Zioni (2023), a estrutura de trânsito, transporte ou mobilidade, em 55% dos municípios é compartilhada, e 26% das cidades não possuem estrutura alguma. Isso significava que, quanto menor a cidade em termos populacionais, mais estrutura institucional.

Além da questão institucional administrativa, ainda temos que lidar com a escassez de corpo técnico qualificado para uma boa gestão de políticas públicas, em especial para uma questão tão complexa do ponto de vista estrutural, operacional e gerencial, o que torna ainda mais complexo e necessário um diálogo sobre uma política sistêmica, em que União, Estados, municípios, prestadores de serviço e usuários se reúnem para desenhar políticas resolutivas, a exemplo do que ocorre no SUS.

O não reconhecimento imediato na Constituição de 1988 do transporte como um direito social deixou o setor desamparado de uma estratégia nacional. Mesmo o reconhecimento do direito em 2015 e o Plano Nacional de Mobilidade Urbana não deram fôlego suficiente para o surgimento de uma política nacional estruturada.

Nesse contexto, as ações locais de Tarifa Zero surgem desconectadas. Se, por um lado, essas ações individualizadas não podem ser vistas como políticas de Estado, elas servem como ponto de partida para a formulação de políticas replicáveis e escaláveis, com base nas características socioeconômicas e demográficas de cada localidade.

No momento que escrevo esse livro, oficialmente existem 118 cidades, em 11 Estados, que oferecem Tarifa Zero em seu sistema de transporte público. São mais de 6 milhões de pessoas que podem se deslocar gratuitamente nos ônibus dessas localidades. Se incluirmos Teresina, capital do Piauí, cujo sistema de metrô é gratuito, são quase sete milhões de pessoas (à frente, tratarei deste caso).

Os estudos de caso sobre a Tarifa Zero ainda são escassos. Embora essa política seja praticada desde o início dos anos 1990, seu crescimento mais expressivo ocorreu após a pandemia de Covid-19, em um momento de esgotamento do modelo tradicional de gestão e financiamento dos sistemas municipais de transporte.

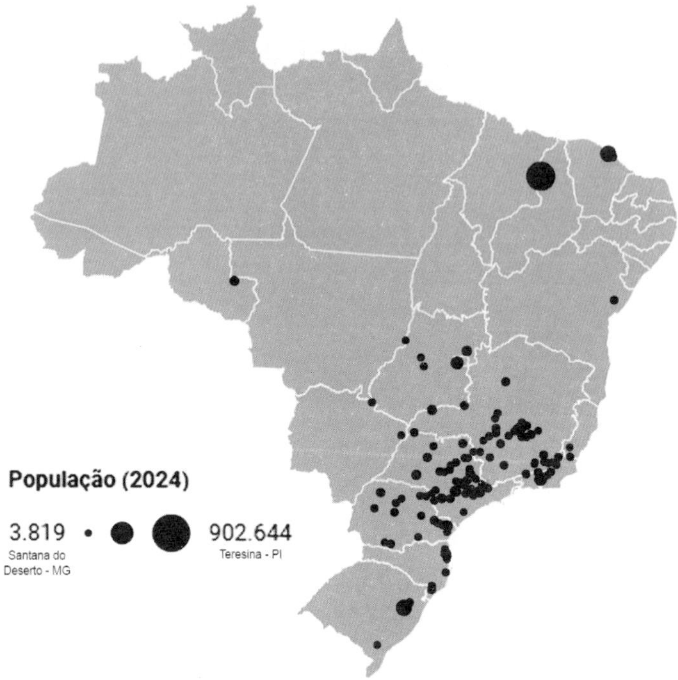

Mapa da Tarifa Zero no Brasil/Fonte Daniel Santini

Para auxiliar na busca, estudo e implementação da mesma, organizei um site que reúne informações atualizadas sobre o mapa da Tarifa Zero no Brasil, além de notícias relacionadas ao tema. O acesso pode ser feito por meio do QR code disponível ao final deste livro.

Contudo, enfatizo que a Tarifa Zero se trata de uma política pública que veio para ficar, uma vez que, em geral, os municípios que a implementam dificilmente retrocedem, dada sua ampla aceitação social.

Este livro apresenta casos emblemáticos de cidades que implementaram a Tarifa Zero com dois objetivos principais: em primeiro lugar, demonstrar que a gratuidade no transporte público é viável, desde que exista vontade política e empenho na construção de modelos adequados de gestão e financiamento; em segundo lugar, oferecer exemplos de políticas que possam servir como ponto de partida para que outras cidades iniciem o debate sobre a Tarifa Zero, respeitando as particularidades e necessidades de cada localidade.

Antes disso, no entanto, é importante traçar um panorama da Tarifa Zero no Brasil. A primeira cidade a implantar a gratuidade no transporte público foi Conchas, no interior de São Paulo, em 1992, durante a gestão do prefeito Paulo Nunes de Almeida, um dos primeiros eleitos pelo PT após a redemocratização. Com pouco mais de 18 mil habitantes, a medida foi adotada principalmente para garantir o acesso à educação — e permanece em vigor até hoje. Atualmente, duas linhas atendem à população urbana e rural, beneficiando especialmente trabalhadores e trabalhadoras.

Das 118 cidades brasileiras que praticam a Tarifa Zero, apenas 31 têm mais de 50 mil habitantes — 11 delas com mais de 100 mil. Caucaia, no Ceará, é a mais populosa, com 355 mil moradores. Sessenta e quatro cidades têm entre 10 mil e 49 mil habitantes, enquanto apenas 10 têm menos de 10 mil. A menor delas é Santana do Deserto (MG), com pouco mais de 3 mil habitantes.

A região Sudeste concentra o maior número de municípios com Tarifa Zero: são 73, com destaque para São Paulo (33) e Minas Gerais (26). A região Sul conta com 21 municípios; o Centro-Oeste, com 6; o Nordeste, com 4; e a região

Norte, com apenas uma cidade. Como mencionado anteriormente, entre 1992 e 2019 apenas 34 cidades adotavam a Tarifa Zero. Foi somente após a pandemia de Covid-19 que mais de 70 novas localidades aderiram à política — 35 delas apenas no ano de 2023.

Qual é o perfil das cidades com Tarifa Zero?

Além de ser a primeira cidade a implantar a TZ, Conchas (SP) também apresenta o perfil demográfico da maioria dos municípios que adotaram a mesma política. De acordo com um estudo da NTU lançado em abril de 2024, 71% dessas localidades possuem menos de 50 mil habitantes, com sistemas de transporte público com até 10 ônibus, ou seja, pequenos.A pesquisa também ressalta que os custos fixos e variáveis do transporte não são significativos, permitindo que o poder público local financie completamente o serviço para disponibilizá-lo gratuitamente à população.

Apenas 4 municípios possuem Índice de Desenvolvimento Humano Municipal (IDHM) considerado muito alto, acima de 0,800 (São Caetano do Sul, Balneário Camboriú, Ilha Solteira, e Assis); 73 possuem o IDHM alto (entre 0,700 e 0,799); e, em 28 cidades, o índice é considerado médio (entre 0,600 e 0,699).

Maricá (RJ) é de longe o município mais rico entre as cidades que praticam Tarifa Zero. A cidade fluminense é o 8º PIB do país (aproximadamente R$ 85 bilhões). São Caetano do Sul, segunda cidade mais rica, é a 83ª economia do país, com um PIB de pouco mais de R$ 13 bilhões. Santana do Deserto (MG) é também a cidade com menor economia, apenas R$ 44 milhões, e a única, entre as 106, com PIB abaixo dos R$ 150 milhões.

Podemos observar que existe uma gama variada de cidades já adepta da Tarifa Zero, com diferentes capacidades financeiras e institucionais para fazer a gestão de políticas públicas. Como já dito, quanto menor a cidade, menor sua capacidade técnica para conceber e fazer a gestão do transporte municipal.

Um estudo feito por Pereira, Vermander e Keblowski (2023), em que foi analisada a implantação da TZ em 15 cidades, revelou que 46% dos locais pesquisados não possuía sistema de transporte público antes da implantação. Em Morungaba (SP) e Rio Branco do Sul (PR), sequer existia transporte coletivo antes de 2019 e 2022, respectivamente. Os habitantes só conheceram, portanto, o transporte público com Tarifa Zero.

Segunda a mesma pesquisa citada anteriormente, apenas 3 das 15 cidades analisadas contam com uma secretaria municipal de mobilidade urbana em funcionamento, e apenas quatro têm um conselho municipal que discute a mobilidade urbana. Na maioria dos casos, há apenas uma pessoa responsável pela administração do sistema de transportes, e muitas vezes esta pessoa também tem outras tarefas não relacionadas à área.

Tenho andado pelas cidades que implantaram a Tarifa Zero e reparei que, na maioria dos casos, a gratuidade resulta de uma iniciativa pessoal dos prefeitos de ocasião que decidiram por sua viabilidade em circunstâncias políticas, administrativas e eleitorais muito específicas. Muitas vezes, trata-se de um legado pessoal, sem o objetivo de estruturar uma política pública escalável, o que acaba restringindo a medida ao contexto local.

Essa desconexão é evidente: muitos gestores não sabiam que existiam outras cidades que também praticavam a Tarifa Zero. Por isso, algumas prefeituras chegam a promover a ideia como se fosse exclusiva, explorando essa suposta originalidade em suas peças publicitárias.

Para Pereira, Vermander e Keblowski (2023), a maioria dessas políticas prioriza o atendimento à classe trabalhadora, com horários de operação limitados. Em cidades como Muzambinho, Arceburgo e Campo Belo (todas em Minas Gerais), os ônibus circulam apenas duas ou três vezes ao dia — geralmente de manhã e à tarde, coincidindo com os horários de entrada e saída do trabalho. Em nove cidades — Caeté, Holambra, Abaeté, Muzambinho, Itatiaiuçu, Arceburgo, Campo Belo, Ivaiporã e Rio Branco do Sul —, os ônibus não circulam aos domingos, e em alguns casos, como Arceburgo e Itatiaiuçu, não operam durante todo o fim de semana.

Esse modelo pode limitar o acesso a outros tipos de deslocamentos que não estejam diretamente relacionados ao trabalho, como lazer, educação ou serviços públicos. Os exemplos citados referem-se, em sua maioria, a cidades com menos de 50 mil habitantes (com exceção de Campo Belo) e revelam os limites das políticas implantadas, além de nos instigar a refletir sobre como superar a visão de que o transporte público serve apenas para levar as pessoas de casa para o trabalho.

Escolhi para retratar nesse livro casos mais emblemáticos, de algumas cidades diferentes que adotaram modelos diferentes de implantação e gestão, e que podem muito bem servir de ponto de partida para que outros municípios possam desenhar suas próprias políticas, ou até mesmo para ajudar na formatação de políticas nacionais, como o tão sonhado Sistema Único de Mobilidade (SUM), tema que abordarei no último capítulo.

Casos emblemáticos

Como defensor da Tarifa Zero, considero de sucesso todos os casos brasileiros de implantação da política. No entanto, é preciso analisar com mais atenção as experiências que se destacam pelos modelos de gestão adotados e pelo potencial de ser replicados, em especial nas cidades acima de 100 mil habitantes, que costumam concentrar mais problemas de mobilidade.

Entendo, então, que a Tarifa Zero surge como principal instrumento de promoção de acessibilidade para as populações periféricas e de baixa renda nessas localidades. Ainda assim, trata-se de uma engenharia política e administrativa complexa, que exige planejamento, articulação institucional e, sobretudo, vontade política.

Os exemplos que apresentarei a seguir funcionam como faróis: iluminam caminhos possíveis para um futuro em que todas as pessoas possam trabalhar, estudar e se divertir sem precisar calcular quanto custará o deslocamento de ida e volta. São experiências que apontam para uma cidade mais justa, acessível e humana — e que mostram que, com coragem e gestão eficiente, é possível transformar o transporte público em um verdadeiro direito social.

Caucaia

Caucaia, o segundo município mais populoso do Ceará, com 355 mil habitantes, iniciou sua política de Tarifa Zero em setembro de 2021, como resposta à queda de passageiros durante a pandemia de Covid-19.

De acordo com dados da NTU (2024), em dois anos, a cidade aumentou sua frota de ônibus de 48 para 70 veículos – um aumento de 46% –, distribuídos em 26 linhas. Desde a implantação da gratuidade integral, o número de passageiros transportados cresceu 371%, passando de 510 mil passageiros – por mês para 2,4 milhões.

O custo anual do sistema municipal de transporte gira em torno de R$ 30 milhões, o que equivale a aproximadamente 1,8% do orçamento total do município, estimado em R$ 1,7 bilhão.

A prefeitura alega que a TZ foi responsável pelo aquecimento da economia local, com um aumento de 25% no faturamento do comércio e do setor de serviços, resultando num acréscimo de 25% na arrecadação do município (NTU, 2024).

Por meio de uma criteriosa revisão de contratos, o prefeito de Caucaia decidiu implementar a Tarifa Zero com recursos do próprio orçamento municipal. O programa, batizado de *Bora de Graça*, remunera uma empresa privada pelo serviço prestado com base no quilômetro rodado. Apesar de o custo operacional ter aumentado ligeiramente, o custo global do transporte dentro do orçamento da cidade permanece relativamente baixo (Pereira, Vermander e Keblowski, 2023).

A iniciativa tem sido bem sucedida e há planos para sua expansão para Região Metropolitana de Fortaleza. O governador Elmano de Freitas (PT), eleito em 2022, assumiu o compromisso de implementar a gratuidade no transporte intermunicipal metropolitano. Além disso, tramita na Assembleia Legislativa do Ceará um projeto sobre o tema, sinalizando um avanço em direção à construção de uma política de mobilidade mais ampla e integrada.

Antes da implantação da Tarifa Zero, apesar de Caucaia ser uma cidade litorânea, era comum encontrar moradores que nunca haviam visto o mar (Summit, 2022). Esse dado revela de forma contundente o abismo gerado pela ausência de uma política de mobilidade inclusiva. Chega a ser quase inacreditável que cidadãos não conhecessem os principais pontos turísticos da própria cidade por simplesmente não terem condições financeiras de se deslocar.

Ônibus de Caucaia/ Divulgação: Prefeitura de Caucaia

Maricá

Com uma população de 197 mil habitantes, Maricá (RJ) implantou a Tarifa Zero em 2014, durante a gestão de Washington Quaquá (PT). O município representa, provavelmente, o caso mais bem sucedido de marketing da Tarifa Zero no Brasil, pois esse sistema foi implantado e encontra-se bem consolido.

A iniciativa surgiu na esteira dos protestos de 2013, liderados pelo Movimento Passe Livre, que mobilizou diversas capitais e grandes cidades em defesa da gratuidade no transporte público. Maricá se destacou por conseguir sustentar a política com recursos próprios, especialmente por meio da arrecadação de royalties do petróleo, que hoje compõem uma parte significativa do orçamento municipal.

Para implantar a ideia, foi criada uma autarquia, a Empresa Pública de Transporte (EPT), que iniciou as operações com motoristas e veículos próprios, oferecendo transporte gratuito em paralelo a linhas pagas, operadas por duas empresas privadas.

No início, a Tarifa Zero foi objeto de disputa judicial, em que os entes privados alegaram que a autarquia praticava concorrência desleal. Essa reação é mais uma demonstração de que o modelo de remuneração por passageiro beneficia apenas as empresas. Esse sistema misto, entre público e privado, durou até março de 2021, quando a EPT passou a operar todas as linhas do município.

Atualmente, o sistema de Maricá conta com 135 ônibus e atende a 3,5 milhões de passageiros por mês, com custos mensais de operação em torno de R$ 12 milhões. Esse sistema teve um impacto econômico significativo, com as famílias economizando R$ 160 milhões em despesas de transporte em 2022, que acabam injetados diretamente na economia da cidade.

Em entrevista para o site da BBC Brasil, em 2023, Celso Haddad, presidente da EPT, afirmou que a demanda cresceu mais de seis vezes. "Tínhamos em torno de 15 mil a 20 mil pessoas transportadas diariamente e hoje transportamos mais de 120 mil. A Tarifa Zero é um propulsor do direito de ir e vir, é muito avassaladora a diferença", afirmou.

O "Vermelhinho", como é conhecido o ônibus de Maricá, é um sucesso entre a população local e entre quem está de passagem pela cidade. Vale ressaltar que o município também disponibiliza bicicletas gratuitamente (conhecidas como "vermelhinhas"), para que as pessoas possam completar o trajeto e chegar aonde o ônibus não chega. Esse é um exemplo muito interessante de uma política de integração de modais, além de incentivar a mobilidade ativa.

A gestão é feita em sintonia com os anseios dos usuários, que podem manifestar suas críticas e sugestões no canal da Ouvidoria da EPT. A autarquia se baseia na percepção dos usuários para fazer os ajustes necessários em itinerários e qualidade da prestação de serviço, como por exemplo a necessidade de ar-condicionado nos veículos, para dar conforto aos passageiros no calor típico das cidades litorâneas do Rio de Janeiro.

O "Vermelhinho" de Maricá (RJ)/ Divulgação: Empresa Pública de Transporte de Maricá

Vargem Grande Paulista

O caso de Vargem Grande Paulista, umas das 39 cidades que compõem a Região Metropolitana de São Paulo, exemplifica bem como o modelo de gestão do transporte público amplamente adotado no Brasil é frágil e dá muito poder aos prestadores de serviço.

Logo após assumir a gestão da cidade, em 2017, o prefeito Josué Ramos teve de lidar com a pressão da empresa que prestava serviço de ônibus municipal, que queria aumento do subsídio ou reajuste no preço das passagens.

De acordo com relato feito pelo próprio para a BBC Brasil em 2023, sem ceder à pressão, o prefeito viu a empresa tirar os ônibus das ruas do dia para noite, obrigando-o uma solução rápida para garantir o transporte à população. A cidade estudou exemplos internacionais, como Luxemburgo, e nacionais, como Maricá e Agudos, para desenvolver um modelo de financiamento baseado em um fundo municipal de transporte.

Como uma das soluções implantadas, a prefeitura contratou uma nova empresa privada, remunerada com base no quilômetro rodado, e não no número de passageiros transportados. Esse modelo confere maior liberdade ao município para realizar ajustes operacionais, sem as amarras e imprevisibilidades de contratos longos — nos quais eventuais variações no preço dos combustíveis, na quantidade de usuários ou na desvalorização da frota exigem constantes revisões contratuais para preservar os lucros da empresa.

O financiamento do sistema é sustentado por um fundo municipal de transporte, composto principalmente por uma taxa paga pelas empresas locais em substituição ao Vale Transporte dos funcionários (R$ 39,20 mensais por empregado). Também integram o fundo receitas provenientes da publicidade nos ônibus, do aluguel de lojas nos terminais e de 30% das arrecadações com multas de trânsito.

Em entrevista, o prefeito Ramos destacou que a Tarifa Zero vai muito além da questão da mobilidade urbana: "Existe a questão social, a de geração de recursos, porque na hora que implantamos a gratuidade, aumentou o gasto no comércio, a arrecadação de ICMS, de ISS".

A taxa cobrada das empresas foi bem recebida por grande parte do setor empresarial local. No entanto, uma empresa conseguiu suspender judicialmente sua obrigação de pagamento, sob alegação de inconstitucionalidade da cobrança. Para evitar a judicialização, é fundamental que o Congresso Nacional e o Governo Federal se sensibilizem quanto à urgência de uma legislação mais moderna, que dê sustentação legal à Tarifa Zero como política pública de mobilidade. No próximo capítulo, abordarei a importância de repensar o papel dos poderes públicos e dos entes federados para viabilizar e consolidar essa política em todo o país.

Ônibus com Tarifa Zero em Vargem Grande Paulista
Foto: Prefeitura de Vargem Grande Paulista/ Divulgação

São Caetano do Sul

Dos exemplos escolhidos, a cidade de São Caetano do Sul, no ABC Paulista, foi a última a implantar a Tarifa Zero, em dezembro de 2023. Como já mencionado, é a mais desenvolvida entre aquelas que oferecem gratuidade no transporte público. De acordo com a NTU (2024), para atender a um aumento de mais de 218% na demanda — o que representa cerca de 70 mil passageiros transportados por dia —, a empresa contratada aumentou a frota de ônibus em 22%

apenas quatro meses após a implantação da política.

Para gerir a Tarifa Zero, o município criou o Fundo de Apoio ao Transporte, financiado por recursos provenientes de multas de trânsito e da exploração de ações publicitárias. O custo anual estimado do sistema é de R$ 34 milhões, o que corresponde a cerca de 1,5% do orçamento total da cidade.

Como já ressaltamos, a gratuidade no transporte público gera externalidades positivas que vão além da mobilidade urbana. Segundo o estudo da NTU (2024), em São Caetano do Sul foi observada uma redução nas remarcações de consultas no Sistema Único de Saúde (SUS), além da diminuição da fila de carros de aplicativo no terminal rodoviário, o que contribuiu para maior fluidez no tráfego da região.

Tarifa Zero: adotada em São Caetano do Sul (ABC paulista) em dezembro de 2023/ Eric Romero: Prefeitura Municipal de São Caetano do Sul

Ituiutaba

A cidade mineira com pouco mais de 100 mil moradores iniciou sua política de gratuidade no transporte em julho de 2023, de uma forma muito interessante: através de uma emenda parlamentar de R$ 2 milhões, enviada pelo deputado federal André Janones (Avante – MG). Com um custo anual estimado de R$ 4,5 milhões, o que representa 0,7% do orçamento anual da cidade, o recurso enviado pelo parlamentar cobre quase metade dos gastos com o sistema municipal de transporte, que optou também pela contratação de uma empresa privada.

Em quase um ano da política implantada, a prefeitura identificou um impacto positivo na geração de empregos, além da redução dos tempos de viagem (NTU, 2023).

É importante ressaltar que o exemplo de Ituiutaba comprova que o financiamento da Tarifa Zero pode contar com diferentes fontes alternativas. Ituiutaba, por ser uma das maiores cidades a adotar a gratuidade, precisou de uma emenda parlamentar na casa dos milhões; no entanto, municípios menores, com sistemas de transporte mais simples e com poucas linhas, demandam recursos significativamente menores.

O caso de São Paulo

A cidade de São Paulo implantou a Tarifa Zero aos domingos no dia 17 de dezembro de 2023. Em que pese a medida aparentar ter mais um caráter eleitoreiro do que uma visão do transporte como direito social, é um passo importante, no mínimo, para a construção de um pacto social pela expansão dessa política. O fato da política ser implementada aos domingos denota uma visão menos utilitarista do transporte, pois, embora muitas pessoas trabalhem aos domingos, para a maioria é dia de descanso e lazer.

A Tarifa Zero dominical apresentou um aumento da demanda em 20%, mostrando aquilo que quase todo especialista em mobilidade defende: que as pessoas querem ocupar a cidade, em especial os moradores da periferia, e que o preço da passagem dos ônibus é um inibidor dessa vontade.

Apesar da importância da iniciativa, a política tem sido alvo de críticas, especialmente pelo modelo de financiamento adotado. Além de contar com um subsídio bilionário (R$ 5,1 bilhões em 2023), a capital paulista mantém um modelo de remuneração por passageiro, implementado na gestão de João Doria (PSDB), prefeito entre 2017 e 2018. Para uma política de Tarifa Zero, essa forma de pagamento se traduz em um aumento significativo dos repasses às empresas de ônibus — cerca de R$ 10 milhões por mês, de acordo com um estudo realizado pelos especialistas Rafael Calabria (Idec) e Rafael Drummond (consultor em planejamento urbano e ex-conselheiro do Conselho Municipal de Trânsito e Transporte) e divulgado pela *Folha de S.Paulo* em abril de 2024. O mesmo levantamento aponta que o aumento na oferta de veículos aos domingos foi residual.

Entretanto, se existe uma cidade no Brasil com capacidade institucional, estrutural e financeira para implementar a Tarifa Zero de forma universal e integral, essa cidade é São Paulo. Em 2023, fui convidado para uma audiência pública na Câmara Municipal de São Paulo para debater caminhos possíveis para a implantação da política. Na ocasião, apresentei um cálculo baseado em uma receita potencial para a cidade, considerando dados do CAGED/IBGE sobre o número de trabalhadores com carteira assinada.

A proposta consiste na criação de um fundo financiado por contribuições mensais das empresas, equivalentes ao valor do Vale Transporte por funcionário. Esse modelo garantiria um aporte de R$ 11,8 bilhões anuais, suficiente para custear integralmente a gratuidade no transporte público da capital (no próximo capítulo, trarei mais detalhes sobre essa proposta).

São Paulo é a cidade mais populosa da América Latina — e uma das maiores do mundo — e possui um histórico de ser vitrine de políticas públicas que, posteriormente, são replicadas em diversas outras cidades do país. O Bilhete Único é um exemplo emblemático dessa influência. Por isso, é de extrema importância que a capital paulista avance com mais ambição e compromisso na construção de uma política de Tarifa Zero abrangente, bem estruturada e com potencial de inspirar outras iniciativas pelo Brasil.

O caso de Teresina

Como dito anteriormente, hoje, são 118 cidades que praticam a Tarifa Zero no transporte público de ônibus. Teresina oferece a gratuidade no sistema de metrô, mas está fora desta lista .

Quando comecei a escrever esse livro, a capita do Piauí ainda não tinha implantado a política, logo, não era uma questão que eu queria abordar neste momento: transportes sobre trilho. O objetivo primário desse livro é abordar a política municipal de transporte público, e metrôs costumam ser uma atribuição do governo estadual. Não nego a importância da gratuidade desse modal, tampouco o envolvimento dos governos estaduais, mas minha experiência me mostrou que conversar com muitos atores com poderes assimétricos tende a ser um exercício penoso e de pouco resultado. Vide a pouca oferta de políticas articuladas (melhor dizendo, bem articuladas) entre os diferentes entes federativos: o Sistema Único de Saúde e o Sistema Único de Assistência Social são os únicos que funcionam bem.

Teresina foi a primeira capital brasileira a instituir a Tarifa Zero integral no metrô. Isso por si só, já um grande mérito. A cidade possui quase 900 mil habitantes e já praticava um preço bastante acessível para seus sistemas metroviários, operado através de Veículos Leves sobre Trilhos (VLT). Outra coisa a ser comemorada que é a primeira iniciativa de um governo estadual para esse tipo de política, o que mostra a importância que o governador do Estado, Rafael Fontes (PT), dá ao assunto.

Quando olhamos para a capital piauiense sob a ótica de seu sistema de ônibus, vemos que a Tarifa Zero no metrô é um bom começo, mas ainda há um longo caminho a ser percorrido, pois este modal atende a pouco mais de 5 mil pessoas diariamente. O sistema local de transporte por ônibus sem Tarifa Zaro, é mal avaliado pelos usuários, que acabam lançando mão do transporte irregular carros e vans para se deslocar, principalmente nas áreas mais periféricas.

Dados de 2021 mostram que apenas 21% da população se deslocava através de ônibus; 55% utilizam-se de veículos particulares (carro, moto, aplicativo, mototáxi, taxi); e 23% viajam a pé ou de bicicleta. O município precisa promover uma revolução no transporte público, para mudar essa situação. O governo do Estado fez um excelente aceno, mostrando que é possível investir mais em infraestrutura e, ao mesmo tempo, ofertar a gratuidade.

De qualquer forma, a discussão vai avançar sobre gratuidade nos trens, metrôs e ônibus intermunicipais (atribuições dos governos estaduais). É uma questão de tempo, principalmente quando uma primeira capital do país instituir a Tarifa Zero, e o governo do Piauí já estará adiantado nessa questão.

Até aqui, apresentei uma série de argumentos que mostram a importância da Tarifa Zero como uma política social inclusiva, que rompe com uma lógica segregacionista do modelo atual de gestão do transporte público. Além da questão do direito de ir e vir, também abordei como a TZ pode impactar positivamente para além do trânsito, em questões da economia, urbanismo, meio ambiente, lazer e saúde, bem como apresentei exemplos emblemáticos, que ressaltam um tipo de implementação da política no território.

No próximo capítulo, irei abordar como implementar a Tarifa Zero, trazendo uma reflexão da luta política que deve ser feita em torno da pauta e sobre os aspectos técnicos que planejadores do poder público devem se debruçar para desenhar uma política adequada as capacidades institucionais existentes em cada território, buscando ajustar a um modelo de gestão mais apropriado e fontes de financiamento diversificada, que garantam um fluxo contínuo de recurso financeiro para a implantação, manutenção e melhoramentos na política de gratuidade universal no transporte público.

Carros do metrô de Teresina/ Foto: Governo do Piauí/ Divulgação

Capítulo 4
Como implantar a Tarifa Zero

Até aqui, esse livro buscou mostrar que a Tarifa Zero é mais do que uma ideia: é, sim, uma realidade em mais de uma centena de cidades no Brasil e no mundo. Além disso, apresentou um panorama que evidenciou a fragilidade no atual modelo de financiamento e gestão do transporte público das cidades, com destaque para o quanto esses sistemas perpetuam a exclusão das pessoas de baixa renda.

Embora o debate sobre gratuidade no transporte público tenha ganhado tração nos últimos anos, ainda é preciso ampliar significativamente sua visibilidade. Como discutido anteriormente, vivemos em um país cuja economia é fortemente influenciada pela indústria automobilística, que possui uma das cadeias econômicas mais completas. Nesse contexto, o transporte público é visto como algo a ser superado pela aquisição de um carro. A pessoa é condicionada ao transporte público, pois não tem dinheiro para ter um carro: "Ando de ônibus porque preciso" é a lógica que impera, quando deveria ser o oposto, como bem resume a célebre frase do ex-prefeito de Bogotá, Enrique Peñalosa, citada no início deste livro.

Mas como dar visibilidade a esse debate? Essa pergunta tem várias respostas possíveis, mas todas elas passam, necessariamente, por ações políticas para a construção de um pacto social.

Pacto social

A construção de um pacto social em torno da Tarifa Zero é um passo importante. O processo por si já joga luz sobre o assunto, podendo ser explorado nos meios de comunicação e audiências públicas. Para tanto, é indispensável o estabelecimento de um diálogo amplo e democrático com os principais atores envolvidos no sistema de transporte público: usuários, trabalhadores, empresários, pesquisadores e representantes do poder público.

Considerando que boa parte das pessoas estão absortas em seus cotidianos, com pouco tempo para se dedicarem a questões que ultrapassam seus problemas individuais, torna-se necessário um conjunto de ações que chamem a atenção delas sobre o quanto o uso intensivo do transporte individual motorizado traz impactos negativos.

Não se trata de demonizar carros e motos, mas sim apresentar à sociedade os custos reais que são compartilhados por todos para que esses veículos possam andar nas ruas, geralmente transportando apenas um indivíduo, bem como questionar se essa opção é a melhor para a cidade.

O quanto custa no nosso bolso? O quanto custa no nosso tempo? O quanto custa na nossa saúde? O quanto custa para o meio ambiente? Essas questões precisam se tornar objeto do debate público, afinal estamos em um momento de inflexão, e é preciso discutir alternativas econômicas e sociais para a questão do transporte e mobilidade.

Outra questão que precisa ser amplamente comunicada à sociedade é a iminência do colapso financeiro a que os sistemas públicos de transporte estão sujeitos. Não é uma questão de "se", mas sim de "quando". Embora esse seja um debate essencialmente técnico, é fundamental que ele seja apresentado de forma acessível ao público em geral, uma vez que seus desdobramentos impactam diretamente a vida cotidiana da população urbana.

Esses aspectos precisam ser expostos e confrontados com a melhor solução proposta: investimento em transporte público de qualidade e com Tarifa Zero. Diante da precarização crescente e da inviabilidade econômica do modelo atual, essa alternativa representa uma resposta concreta aos desafios de mobilidade, inclusão social e sustentabilidade.

A mobilização social permanece como uma das formas mais eficazes de chamar a atenção para o tema: reunir um número significativo de pessoas em manifestações públicas pode atrair a atenção da imprensa e pressionar o poder público a agir. No entanto, organizar esse tipo de ato demanda articulação, capilaridade e recursos financeiros. Além disso, é preciso considerar os riscos envolvidos, inclusive a possibilidade de confrontos com as forças de segurança, o que torna ainda mais necessário o planejamento estratégico e o respaldo de diferentes setores da sociedade civil.

Embora respeite esse método, ele tem suas limitações. Defendo a tese de que é preciso ocupar os veículos de comunicação, com produção de informativos e dados para jornalistas com sugestão de pauta apresentando a demanda social pelo debate do tema bem como artigos de opinião que tragam argumentos que deem suporte para a necessidade da Tarifa Zero.

Outra ação imprescindível para o fortalecimento da proposta da Tarifa Zero é a realização de debates públicos, buscando envolver os principais atores relacionados à mobilidade urbana. Esses encontros podem ser feitos em sindicatos, sedes de partidos, associações, igrejas e, especialmente, nas casas legislativas (câmaras municipais e assembleias estaduais, Câmara Federal e Senado). Além de ter a possibilidade de mobilizar a cobertura da imprensa, esses debates podem ser explorados também na criação de conteúdo para redes sociais que ajudem a propagar a ideia.

Mais do que transmitir informações e promover reflexões, esses espaços de debate devem buscar sensibilizar e engajar o público presente. Uma das estratégias mais eficazes para isso é apresentar experiências concretas já em andamento. A população precisa saber que mais de uma centena de cidades, no Brasil e no mundo, já adotam a Tarifa Zero — e que iniciar ou impedir esse debate é, em última instância, uma escolha política. Outro ponto fundamental é desmistificar a ideia, ainda muito presente no imaginário coletivo, de que o que é público e gratuito tende a ser ineficiente, desorganizado ou de baixa qualidade.

A construção de uma política pública de transporte com essas características exige, necessariamente, a cooperação entre três agentes centrais: o poder público, os prestadores de serviço e os usuários. A articulação entre esses entes deve ser orientada por critérios objetivos de qualidade na prestação do serviço, preferencialmente vinculados diretamente à remuneração dos operadores, a exemplo de modelos já adotados na gestão do Sistema Único de Saúde

(SUS) em diversos Estados e municípios. Isso torna possível a oferta de um serviço público eficiente, ajustado às reais necessidades da população e financiado por fontes alternativas à cobrança direta da tarifa.

Tenho participado de diversas audiências públicas em diversos regiões do país e as considero como excelentes oportunidades para promover um debate plural e de qualidade, além de servir como um poderoso instrumento de propagação da ideia. Essas ocasiões podem funcionar como uma espécie de embrião, em que fica documentado quando a discussão teve início, sendo inclusive possível avaliar depois de um tempo a evolução do debate e suas consequências práticas.

Janela de oportunidade

Por conta de minha trajetória, entendo que o processo eleitoral representa, por excelência, a melhor oportunidade para amplificar a discussão sobre a Tarifa Zero. As eleições capturam a atenção da sociedade e abrem espaço para que propostas inovadoras se destaquem no cenário público, pois é o momento em que partidos políticos e candidaturas apresentam suas plataformas e submetem suas ideias ao escrutínio da população, promovendo o debate público qualificado.

É fundamental, portanto, que indivíduos e coletivos que defendem a gratuidade no transporte público atuem de forma proativa nesse contexto, buscando estabelecer diálogo com agremiações partidárias e representantes políticos. O objetivo deve ser a incorporação da pauta da Tarifa Zero às agendas programáticas dessas candidaturas e ao compromisso público de discutir seriamente o tema com a sociedade ao longo do processo eleitoral e, sobretudo, após a conquista de mandatos.

Além disso, é importante reconhecer o valor social que a Tarifa Zero proporciona em comparação a outros programas sociais já implementados. Iniciativas como Bolsa Família, Minha Casa, Minha Vida, ProUni e Pé de Meia, entre outros, são fundamentais e estruturantes no âmbito das políticas sociais. Contudo, ainda são insuficientes para garantir o acesso pleno à cidade e aos seus espaços, tanto públicos quanto privados. Nesse contexto, a Tarifa Zero atua como um elemento a mais e fundamental, completando a cesta de políticas sociais indispensáveis para o exercício pleno da cidadania.

Uma vez que essa ideia da Tarifa Zero seja abraçada por lideranças políticas, partidos políticos e movimentos sociais, é fundamental apresentar à sociedade um diagnóstico acessível sobre a situação atual do sistema público de transporte. Em paralelo, é igualmente importante apresentar também uma proposta executável, que traga pontos de destaque que possam ser amplamente divulgados em campanhas e materiais de comunicação.

Nesse sentido, o Instituto de Defesa de Consumidores (Idec) possui diversas frentes de atuação em defesa de políticas públicas inclusivas e que combatem a desigualdade social. A frente de mobilidade é uma das mais atuantes na defesa da Tarifa Zero e organizou uma cartilha, com o apoio da Coalizão Mobilidade Triplo Zero, que visa apresentar 10 propostas que para serem incluídas nos programas de governo dos partidos e políticos que querem defender a gratuidade no transporte público. As medidas são:

1. Propor ou organizar a legislação existente
2. Organizar os critérios de qualidade do serviço
3. Remunerar o operador pelo serviço prestado e controlar a planilha de custos
4. Controlar a bilhetagem eletrônica
5. Controlar as garagens de ônibus
6. Criar fontes de financiamento para garantir a Tarifa Zero
7. Produzir e divulgar dados sobre o serviço
8. Abrir canais de transparência e participação popular
9. Garantir um sistema de transporte transformador e sensível a gênero, raça, idade e tipos de deficiência
10. Construir infraestrutura para dar qualidade e integrar os modos ativos

Esse conjunto de propostas consegue apresentar a Tarifa Zero como um sonho possível, uma política estruturada em planejamento e ações concretas, e não apenas uma ideia abstrata ou desejo sem lastro na realidade. E a incorporação dessa política em um Plano de Governo certamente chamará a atenção do público para o assunto.

É preciso ressaltar que a gratuidade no transporte público não é uma pauta exclusiva da esquerda. Entre as mais de 110 cidades que implantaram a Tarifa Zero no Brasil, muitos dos prefeitos estão em partidos de centro e direita. Essa diversidade demonstra que a proposta pode e deve ser tratada como uma política pública transversal, capaz de dialogar com diferentes projetos políticos e realidades locais.

Para que essa iniciativa seja viabilizada, tem que ir além do desenho institucional convencional, que funciona na maioria das cidades. Em municípios grandes, é preciso apresentar medidas inovadoras e ousadas, para que se possa criar uma política de gratuidade no transporte público estruturada financeiramente e administrativamente.

Isso não significa, evidentemente, o abandono do compromisso com uma gestão pautada pela saúde das finanças públicas. No entanto, é preciso reconhecer que os limites impostos pelas atuais estruturas administrativas da maioria dos municípios, para viabilizar uma política da magnitude da Tarifa Zero. A superação desses entraves exige inovação institucional, visão estratégica e vontade política para reconfigurar prioridades orçamentárias e novas formas de gestão.

Tarifa Zero e o debate técnico

As retóricas política e publicitária são fundamentais e adaptáveis de acordo com a realidade de cada local. Porém, para ter credibilidade perante a opinião pública, uma proposta necessita ter embasamento técnico, para passar segurança à população. Os aspectos técnicos que devem balizar o debate são frutos do levantamento e compilação de dados sobre as capacidades institucionais do município; arcabouço legal necessário; modelos de contratação de serviços; custo de implantação; fontes de financiamento; e gestão e instrumentos de apoio.

Capacidades institucionais

Durante muito tempo, as políticas de transporte e mobilidade não estavam no centro da preocupação dos gestores nacionais. A lógica predominante era a de que cada município deveria se organizar por conta própria para atender às demandas da sua população, enquanto aos Estados caberia o papel de organizador e provedor do transporte intermunicipal.

O Plano Nacional de Mobilidade Urbana, criado em 2012, elevou a importância da área, direcionando a capacitação institucional dos entes para lidar com as questões de trânsito, transporte e mobilidade. Estabeleceu diretrizes para o desenvolvimento de infraestrutura de transporte, incentivando o uso de meios de transporte alternativos, como bicicletas e transporte público, assim como priorizou a mobilidade ativa e a acessibilidade para todos os cidadãos, incluindo pessoas com deficiência.

O plano prevê uma série de ações administrativas para as cidades brasileiras. Entre elas estão a elaboração e implementação de planos diretores de mobilidade urbana, que definem diretrizes e metas para o desenvolvimento de sistemas de transporte eficientes e sustentáveis. Além disso, propõe a criação de instrumentos de gestão e financiamento, como fundos municipais de mobilidade urbana, e a articulação de parcerias público-privadas para investimentos em infraestrutura de transporte.

Outras ações relevantes incluem a regulamentação do transporte público, a fiscalização do cumprimento das normas de trânsito e a promoção da participação da sociedade civil na elaboração e acompanhamento das políticas de mobilidade urbana.

Um estudo feito pela Associação Nacional das Empresas de Transporte Urbanos (Ntu, 2024) utilizou dados do IBGE (Instituto Brasileiro de Geografia e Estatística) sobre a organização institucional dos municípios brasileiros, apontando que 2.703 cidades têm sistema público de transporte. No entanto, desse total, apenas 583 cidades têm população superior a 50 mil habitantes. Segundo o levantamento, entre os municípios que já adotaram a Tarifa Zero, apenas 31 contam com um sistema de transporte público organizado.

Diante desse cenário, torna-se urgente a criação de um modelo de classificação dos municípios com base em suas capacidades institucionais e nos diferentes tipos de gestão da política de gratuidade no transporte público. Essa classificação é fundamental para orientar gestores públicos, técnicos e formuladores de políticas no diagnóstico dos desafios concretos a serem enfrentados em cada realidade local.

Nesse modelo, é necessário levar em conta as características financeiras, estruturais e técnicas de cada lugar, para que as pessoas que vão discutir e/ou implantar a política de gratuidade no transporte tenham um diagnóstico sobre os reais desafios que irão enfrentar nesse processo por exemplo. Maricá tem uma série de fatores institucionais que permitiram o modelo de aquisição e gestão de uma frota própria; Este não foi o caso de Vargem Grande Paulista, que, por suas características locais, optou pela contratação de uma empresa privada.

À medida que mais cidades forem implantando a Tarifa Zero, mais estudos acadêmicos surgirão. Proponho, assim, um modelo simples em que faço a divisão das cidades em três grupos de capacidades institucionais para fazer a gestão do sistema de transporte municipal: alta capacidade, média capacidade e baixa capacidade.

A tabela abaixo apresenta o que determina a capacidade de cada local

CAPACIDADES INSTITUCIONAIS DOS MUNICÍPIOS		
ALTA	**MÉDIA**	**BAIXA**
• Sistema de transporte regulamentado • Estrutura dministrativa exclusiva • Corpo técnico qualificado • Fundo municipal de transporte e mobilidade • Instrumentos de transparência e participação social • Oferta alta de prestadores de serviços	• Sistema de transporte; • Estrutura administrativa compartilhada com mais uma área • Corpo técnico médio • Oferta de prestadores de serviço	• Ausência de sistema de transporte • Estrutura administrativa compartilhada com duas áreas ou mais • Baixa presença ou ausência de corpo técnico • Ausência de prestadores de serviço

Com base na classificação acima, é possível estabelecer as bases de formulação de uma política de gratuidade que leve em conta a capacidade institucional, tipo de prestação de serviço (operação da frota), modalidade contratual, práticas de gestão e, por fim, fontes de financiamento.

Operação da frota

Uma preocupação recorrente no debate sobre a Tarifa Zero é a discussão a respeito da forma de prestação de serviço: se será realizada diretamente pelo poder público ou por meio da contratação de empresas privadas. Estamos em um momento histórico marcado pela predominância de uma visão que valoriza a prestação privada de serviços públicos, sob o argumento de maior eficiência. No entanto, essa questão é muito mais complexa do que uma simples discussão do que é melhor ou pior.

Diversos fatores — de ordem espacial, econômica e administrativa — devem ser considerados para definir o modelo mais adequado a cada realidade local. Em municípios de pequeno porte, por exemplo, é perfeitamente viável que o poder público assuma integralmente a operação do transporte, especialmente quando a demanda pode ser atendida com uma frota reduzida de veículos. Já em cidades médias e grandes, é comum que a complexidade operacional e o volume da demanda exijam a contratação de empresas privadas, seja de forma complementar ou como modelo principal de gestão do sistema.

A seguir, apresento uma tabela com os principais modelos de prestação de serviço na operação de frota, com o intuito de proporcionar uma visualização comparativa das características centrais de cada uma das três modalidades.

TIPOS DE PRESTAÇÃO DE SERVIÇO DE OPERAÇÃO DE FROTA		
PÚBLICO	HÍBRIDO	PRIVADO
• Frota de ônibus pertence ao município ou autarquia pública • A gestão e a execução do serviço são realizadas por servidores públicos ou estatais	• Frota de ônibus pública e privada dividem a prestação de serviço • Servidores públicos na gestão; Funcionários contratados na execução do serviço	• Frota de ônibus privada e motoristas contratados • Controle de qualidade feito pelo poder público

Modalidade contratual

De acordo com o Plano Nacional de Mobilidade Urbana, o serviço de transporte coletivo pode ser oferecido diretamente pelo poder público ou através de outorga ao setor privado.

Esta segunda forma possui quatro modalidades contratuais: **autorização, permissão, concessão** e **contrato de prestação de serviço**.

Autorização é um instrumento por meio do qual a administração pública permite que um particular realize um serviço ou bem público sem um processo licitatório, previsto na Constituição Federal, art. 21º, incisos XI e XII. Por não possuir garantias ou estabilidade nessa relação, é considerado um instrumento frágil e de limitada eficácia como modelo contratual, embora seja um modelo amplamente utilizado na prestação de serviço de transporte.

Permissão é um ato administrativo discricionário e precário, pelo qual o poder público autoriza um particular a prestar um serviço de interesse coletivo por sua conta e risco. Prevista na Lei 8.987/95, caracteriza-se pela utilização de processo licitatório, podendo resultar em concessão a pessoa física ou jurídica com capacidade de prestar o serviço público. Formalizada por contrato de adesão, a permissão é unilateral, sujeita a revogação a qualquer momento sem necessidade de indenização.

Contrato de prestação de serviço é um acordo formal entre um órgão ou entidade governamental e uma empresa ou profissional para a execução de um serviço específico de interesse público. Ele deve seguir regras da Lei de Licitações e Contratos (Lei nº 14.133/2021), além de normas específicas para contratações diretas e dispensas de licitação. Caracteriza-se pela definição de um escopo para execução do contratado, enquanto o poder público deve garantir o pagamento e a fiscalização da execução. Além disso, a contratação geralmente ocorre por meio de licitação – concorrência, pregão ou tomada de preços –, salvo em casos de dispensa ou inexigibilidade, que têm prazos mais curtos e podem ser prorrogados por até cinco anos.

Concessão de serviço público se destaca como um modelo de contratação que fortalece a eficiência e a continuidade na prestação dos serviços de interesse coletivo. Diferente da permissão, a concessão é um ato administrativo que garante maior segurança jurídica tanto para o poder público quanto para o concessionário. Regulada pela Lei 8.987/95, essa modalidade envolve a delegação de serviços públicos a empresas ou consórcios que demonstrem capacidade técnica e financeira para sua execução, assumindo os riscos operacionais. A concessão também exige licitação, o que assegura competitividade, transparência e seleção da proposta mais vantajosa para a administração e para a sociedade. Com prazos definidos para a prestação do serviço e sua exploração econômica, também traz a possibilidade de indenização em casos específicos. Esse modelo costuma prever investimentos de longo prazo, modernização da infraestrutura e melhoria na qualidade dos serviços oferecidos à população.

Práticas de gestão

A credibilidade de uma política pública é garantida por uma série de medidas que, tomadas em conjunto, possibilitam sua execução e gestão. Essas práticas devem estar previstas na formulação e no debate de propostas de gratuidade no transporte público.

Os grupos de trabalho dedicados a formular propostas de transporte público e mobilidade urbana precisam ser guiados por 4 pilares:

1. Custo de implantação do sistema
2. Como lidar o aumento dos usúários no sistema
3. Instrumento de fiscalização, monitoramento e gerenciamento
4. Modelos de financiamento

Essas premissas são basilares no processo de construção de uma proposta executável, em que estudos técnicos orientam as decisões políticas e administrativas, e devem trazer as respostas para os questionamentos referentes à viabilidade da mesma.

Os itens 1 e 2 estão vinculados a questões conjunturais locais e dependerão das especificidades de cada cidade e suas estruturas pré-existentes. Nesse contexto, diversos fatores devem ser considerados, tais como a existência de prestadores de serviço, o nível de concorrência, a cobertura das linhas, a estrutura administrativa e os subsídios disponíveis, entre outros.

Por sua vez, os itens 3 e 4 possuem caráter universal, na medida em que se constituem em instrumentos legais e estáticos, aplicáveis independentemente das condições locais.

Custo de implantação do sistema

Esse item, apesar de ser atrelado a questões locais, têm etapas a serem cumpridas, essencialmente para a formação de um diagnóstico preciso, que alie oferta, demanda e opção por modelo de prestação de serviço.

Para que isso ocorra, é preciso ter em mãos os contratos firmados entre a prefeitura e empresa (ou empresas) prestadora de serviços, em que constam o modelo de remuneração acordado e os critérios de desempenho que garantem a vigência do serviço.

No entanto, nem sempre o acesso a esse tipo de documentação é facilitado, especialmente em administrações municipais que não têm a cultura da transparência. Para situações como essa, é fundamental usar a Lei de Acesso à Informação (Lei 12.527/2011), que obriga o poder público a compartilhar todo tipo de informação, desde que não seja classificada como restrita ou confidencial.

Outra informação fundamental é ter posse do plano de mobilidade do município, que, de acordo com o Plano Nacional de Mobilidade Urbana, toda cidade com mais de 20 mil habitantes é obrigada a ter. Esse plano deve conter vários aspectos para assegurar a gestão do transporte e da mobilidade nas cidades, como:

1. **Diagnóstico da mobilidade urbana**: análise detalhada da situação atual da mobilidade no município, incluindo dados sobre o transporte público, trânsito, ciclovias, calçadas e outros modos de transporte.

2. **Diretrizes e objetivos**: definição clara das diretrizes e objetivos do plano, alinhados com os princípios da Política Nacional de Mobilidade Urbana, como a equidade no acesso ao transporte, a sustentabilidade ambiental, a eficiência econômica e a segurança.

3. **Metas e indicadores de desempenho**: estabelecimento de metas específicas e indicadores para monitorar e avaliar a implementação do plano ao longo do tempo.

4. **Estruturação do sistema de transporte**: propostas para a reorganização e melhoria do sistema de transporte público, incluindo a integração modal, a priorização do transporte coletivo e a ampliação da rede de transporte.

5. **Acessibilidade e inclusão social**: medidas para garantir a acessibilidade universal e promover a inclusão social, com foco em populações vulneráveis e em áreas periféricas.

6. **Sustentabilidade ambiental**: adoção de práticas e tecnologias que reduzam os impactos ambientais do transporte urbano, promovendo o uso de modos de transporte não motorizados e de baixa emissão de poluentes.

7. **Gestão e financiamento**: definição de mecanismos de gestão, coordenação interinstitucional e financiamento do plano, incluindo a identificação de fontes de recursos e parcerias.

8. **Participação social**: estratégias para assegurar a participação da sociedade civil no processo de elaboração, implementação e monitoramento do plano, por meio de consultas públicas, audiências e outros mecanismos de participação.

9. Infraestrutura viária: propostas para a melhoria e expansão da infraestrutura viária, com foco na segurança, fluidez do tráfego e na priorização do transporte coletivo e não motorizado, como faixas exclusivas.

10. Educação e comunicação: campanhas e programas educativos para conscientizar a população sobre a importância da mobilidade sustentável e incentivar comportamentos que contribuam para a melhoria da mobilidade urbana.

Destaco os seguintes itens: o item 4, que traz a estruturação do sistema de transporte; o item 5, que aponta para a importância da acessibilidade e inclusão social; o item 7, gestão e financiamento, pois é o que garante o funcionamento; e o item 9, que prevê infraestrutura viária, com ênfase nos corredores destinados ao transporte público, sejam eles exclusivos ou compartilhados.

De posse dessas informações, é possível ter um diagnóstico preciso do sistema local de transporte, avaliando o que foi executado ou apenas conta como letra no papel, mas sem se transformar em ação para a população. O plano dará um panorama do que está programado (ou não) para a cidade, em adequação com o orçamento e com os contratos firmados com os prestadores de serviço.

Como lidar com o aumento da demanda

Em minha trajetória como gestor público, fui responsável pela implantação do Bilhete Único na cidade de São Paulo. Na época ouvi muitas críticas de técnicos e especialistas, que diziam que a demanda iria explodir e colapsar o sistema. Porém, a previsão dessas pessoas fracassou absurdamente, e o Bilhete Único é uma política referência.

Com base nessa experiência, afirmo que a demanda se ajusta ao sistema, desde que este esteja bem planejado e adequado às necessidades da população. A exclusão da catraca e da cobrança já dão ganho de espaço dentro do ônibus e tempo, que multiplicados pelo número de veículos resultam em mais agilidade e rapidez no sistema.

Também é possível supor que existe uma acomodação natural da demanda, que vai se adaptando para usar o transporte fora do horário de pico, o que garante um aproveitamento melhor do sistema. Embora seja evidente que haverá necessidade de mais ônibus circulando, estudos mostram que, enquanto a demanda cresce em progressão geométrica, a oferta cresce em progressão aritmética, pois existe uma ociosidade nos sistemas que são preenchidos, sem a necessidade de grandes aportes para a aquisição de mais veículos.

É importante ressaltar que cada caso é um caso. Se uma cidade tem um ônibus, a aquisição de outro veículo representa um aumento de 100%. Se o município tem 20 ônibus e adquire mais 1, é um aumento de 5%. Contudo, de maneira geral, essa é uma preocupação secundária diante dos benefícios sociais, econômicos, ambientais e urbanos que a Tarifa Zero traz e trará para os municípios.

Instrumentos de fiscalização, monitoramento e gerenciamento

O fato de o passageiro não ter o custo da tarifa para rodar a catraca não significa que basta arrancar as mesmas e colocar ônibus de graça e tudo estará resolvido. Tem todo um sistema operacional baseado na contagem de passageiros que deverá ser aprimorado ou até mesmo modificado, através de pesquisas, para garantir dados estatísticos essenciais para o processo de fiscalização, monitoramento e gestão do sistema público de transporte.

A retirada da catraca, por sua vez, representa avanços importantes: mais espaço interno nos ônibus e maior agilidade no embarque e desembarque. Com tanta tecnologia de monitoramento disponível, não existe necessidade desse tipo de controle.

A tecnologia é uma grande aliada da implantação da Tarifa Zero e, a cada dia, novidades chegam para ajudar nesse processo. Hoje, não consigo imaginar instrumentos que não disponham do uso de recursos como câmaras, computadores de bordo, GPS e internet para, em tempo real, perceber alguma ocorrência e agir de imediato.

Acredito firmemente que, em torno das políticas de gratuidade, florescerá uma nova economia baseada no desenvolvimento tecnológico, voltada a oferecer suporte eficiente à gestão global do transporte público. Esse avanço permitirá a criação de soluções adaptadas às diferentes realidades institucionais das cidades, respeitando suas capacidades e especificidades.

Modelos de financiamento

É possível afirmar que, até o momento, existem três principais modelos de fontes de financiamento para a Tarifa Zero: orçamento municipal; fundo municipal para mobilidade e transporte; e fontes extraordinárias.

O orçamento municipal é a modalidade mais simples, em que o poder executivo determina o valor e o submete à peça orçamentária anual, que é votada pela câmara municipal.

Os fundos municipais, um instrumento ainda pouco utilizado pelas cidades que adotaram a Tarifa Zero, garantem condições financeiras para custeio e investimento em controle, operação, fiscalização e planejamento. Esses fundos possuem fontes de receitas diversificadas, com recursos provenientes do município e repasses estaduais e federais, além de poder ser incrementado com receitas provenientes de estacionamentos rotativos, multas de trânsito, exploração de pontos de publicidade etc.

Fontes extraordinárias, por sua vez, incluem medidas como a criação de uma Taxa de Mobilidade, como foi o caso de Paranaguá (PR) e Vargem Grande Paulista (SP), cobrada das empresas. Apesar da resistência que a criação de taxas e impostos suscita na sociedade, é uma proposta que deve ser debatida à exaustão quando os benefícios justificam sua eventual criação. Devemos lembrar o tempo todo que hoje toda a sociedade paga para sustentar uma política de mobilidade que prioriza o transporte individual: não é justo um debate honesto sobre o custeio de políticas de transporte coletivo?

Podemos dizer, assim, que o modelo de gestão é modular, combinando de forma diferente o modelo de financiamento e o modelo de contratação do sistema, de acordo com a as capacidades institucionais de cada localidade.

MODELOS DE FINANCIAMENTO		
ORÇAMENTO MUNICIPAL	FUNDO MUNICIPAL	RECURSOS EXTRAORDINÁRIOS
• Utilização de recursos ordinários do tesouro municipal	• Recursos do município e repasses estaduais e federais, e outras fontes (multas, publicidade)	• Taxa de mobilidade; e emenda parlamentar • Cobrança do uso do viário

Evidentemente a administração pública é muito mais complexa do que a simplificação demonstrada nessas tabelas. No entanto, elas servem como ponto de partida para orientar o estudo, a formulação, o planejamento e a execução de políticas de Tarifa Zero nas cidades brasileiras.

Essas diretrizes iniciais podem servir de subsídio ao debate de uma política parcial de gratuidade. Embora eu defenda a gratuidade total, reconheço que é importante começar de algum lugar. Cidades com mais de 500 mil habitantes, por exemplo, têm uma complexidade administrativa, estrutural e financeira que provavelmente demandará uma implantação progressiva da Tarifa Zero. Inclusive, quando fui candidato a prefeito de São Paulo, em 2020, apresentei um plano gradual de implantação da gratuidade, atendendo grupos de interesse, horários da madrugada, fins de semana e, posteriormente, todo dia, para todo mundo.

Fontes de financiamento

"Essa ideia de Tarifa Zero é muito boa, mas como financiar essa política?" é certamente a pergunta que mais ouço antes das minhas palestras sobre o tema Brasil afora. De fato, essa

deve ser uma preocupação primária, pois, como os economistas gostam de dizer, "não existe almoço grátis", e o custo operacional do transporte público não é barato. Porém, essa não deve ser uma questão impeditiva e eu quero mostrar o porquê.

Uma das principais tarefas deste livro é provocar as pessoas a pensarem fora do modelo atual de gestão do transporte público. Isso não é um exercício simples, pois é preciso extrapolar os mecanismos insuficientes que existem nos dias de hoje e criar dispositivos legais e administrativos para implementar a gratuidade.

Tão importante quanto ter uma fonte de financiamento é a criação de um arcabouço legal que estruture a política. A principal medida é a criação do Fundo Municipal de Transporte Público e Mobilidade, estipulando a finalidade e a composição de valores que irão se somar para custear a Tarifa Zero. Esse processo deve ser feito através de uma construção política que envolva as câmaras municipais e outros atores políticos e sociais. A constituição desse fundo cria um destino para recursos provenientes de cada um dos entes federados. Abaixo, aponto possíveis fontes de financiamento provenientes de municípios, Estados e União.

Município

Embora o município seja a instância federada que menos dispõe de recursos financeiros, existem alguns instrumentos de captação que podem ser implementados nesse âmbito e que podem ajudar a compor o fundo. Alguns desses instrumentos já estão mais desenvolvidos conceitualmente e são aplicados na prática nas mais de cento e dez cidades que implantaram a gratuidade. Outros, são ideias que ainda precisam de maturação. Entretanto é importante que elas sejam consideradas, debatidas e, a depender do consenso social, aplicadas, para que cada vez mais novas ideias sejam fomentadas, garantindo um fluxo financeiro constante que permita a prestação de um serviço de qualidade. Vamos às possibilidades:

Vale Transporte Universal

Essa ideia tem sido uma das minhas principais bandeiras legislativas, afinal é aproveitar um direito trabalhista existente e potencializá-lo a ponto de que possa trazer benefícios sociais a toda uma cidade. Vargem Grande Paulista utiliza esse modelo para constituir a maior parte de seu Fundo Municipal de Transporte. A lógica é que todos os trabalhadores com carteira assinada tenham um valor recolhido pelo contratante e depositado todo mês no fundo. Com o recurso arrecadado, é possível custear o sistema (ou boa parte), para que não apenas os trabalhadores, mas todos as pessoas possam andar sem pagar tarifa.

Essa é uma conta bem simples de fazer, que combina o valor do vale transporte, número de dias úteis e total de pessoas empregadas de acordo com o Caged (Cadastro Geral de Empregados e Desempregados). Ao desenvolver a fórmula, temos o valor potencial que pode ser arrecadado em cada cidade. Abaixo segue o exemplo da capital paulista.

VALOR POTENCIAL VALE TRANSPORTE CIDADE DE SÃO PAULO				
Valor viagem do vale transporte (A)	Nº de viagens diárias (B)	Valor mensal por pessoa (22 dias úteis) (C)	Nº de pessoas com carteira assinada (CAGED) (D)	Valor total anual (E)
R$ 4,83	2	R$ 212,52	4.670.280	R$ 11.800.674.547,00

Fórmula Valor Mensal VT: A x B x 22 = C
Fórmula Valor Potencial Anual: C x D = E

Evidente que essa é uma proposta ideal, mas que depende de um processo de formulação e apresentação de um projeto de lei e negociação entre os atores envolvidos (empresários, usuários, trabalhadores do transporte) com a prefeitura e Câmara Municipal para sua aprovação. O parlamento e os conselhos de participação, caso existam conselhos de mobilidade e transporte, são por excelência as arenas para negociações para que um valor de referência seja aprovado.

Mais uma vez, eu pego emprestado o caso de Vargem Grande Paulista, em que os empresários pagam aproximadamente R$ 40 mensais, o que daria por R$ 1,81 diários (contando apenas dias úteis), valor muito inferior ao da cidade vizinha, Cotia, por exemplo, cujo valor do vale transporte é de R$ 6,50. Ou seja: no dia, seriam R$ 13 por trabalhador (ida e volta).

Ressalto que as câmaras municipais são o espaço de construção de uma proposta ajustada aos interesses de todos os agentes sociais, como poder público, empresariado, empregadores, trabalhadores, idosos, pessoas portadoras de deficiência, estudantes, desempregados e qualquer outro grupo que pode utilizar o transporte público para realizar suas atividades cotidianas.

Trata-se, nesse caso, da busca por um denominador comum, que atenda às necessidades dos passageiros, mas que também seja viável do ponto de vista da classe empresarial, garantindo os recursos necessários para a o custeio da Tarifa Zero no município.

Nos anexos deste livro, apresentarei modelos de projetos de lei que podem servir de base. Os exemplos estarão disponíveis *on-line* no site terifazero.org.br, acessível pelo QR Code disponível na 4ª capa.

Recentemente, a Fundação Rosa de Luxemburgo publicou o resumo executivo dos debates realizados por integrantes do GT Vale Transporte, do *2º Encontro Transporte como direito e caminhos para a Tarifa Zero*, ocorrido em julho de 2022, em Belo Horizonte (MG). O documento questiona a eficácia da política do VT, bem como traz propostas de como alterar a legislação referente ao tema, visando a modernização e ampliação dos beneficiários, assim como expandir o uso para além do deslocamento casa-trabalho-casa, propondo três caminhos:

Taxa Municipal de Disponibilização do Transporte Público

A taxa seria cobrada pelo município, responsável pelo serviço, podendo também ser aplicada por Estados ou União em casos específicos. O modelo proposto prevê que empregados recebem um cartão de gratuidade e não empregados pagam conforme o uso ou são isentos.

Os empregadores seriam responsáveis pelo pagamento da taxa. No entanto, a proposta enfrenta desafios importantes, como a necessidade de articulação em nível nacional e a compatibilização vigente sobre o Vale Transporte. Diante da complexidade e das desigualdades regionais, a solução ideal passaria por um acordo nacional entre os entes federativos. Vinte e dois vereadores da capital mineira, signatários de uma proposta de gratuidade universal no sistema belo-horizontino de transporte urbano, defendem essa proposta, e utilizam a Nota Técnica assinada por Francisco Mata Machado Tavares, docente de Direito Administrativo, Financeiro e Tributário da Faculdade de Direito da Universidade Federal de Goiás.

Contribuição para disponibilização de transporte público coletivo

A contribuição pode ser uma alternativa mais eficaz para financiar o transporte público coletivo de forma nacional, comparando-a à contribuição para iluminação pública. Esse tipo de tributo é vinculado a uma finalidade específica, garantindo que os recursos arrecadados sejam usados exclusivamente para o transporte. No entanto, sua implementação exigiria uma Proposta de Emenda à Constituição (PEC), um processo mais complexo, no Congresso Nacional.

O debate central gira em torno da definição de quem deve ser o foco da contribuição: se apenas os beneficiários do Vale Transporte — como os trabalhadores formais — ou se ela deve ser mais ampla, abrangendo toda a sociedade, como forma de reconhecer o transporte público como um direito coletivo e um bem comum.

Imposto sobre a renda da pessoa jurídica

Ainda durante o encontro *Transporte como Direito e Caminhos para a Tarifa Zero* foi debatido sobre a possibilidade de reformar o Imposto sobre a Renda da Pessoa Jurídica (IRPJ) para financiar o transporte público, desvinculando a arrecadação dos tributos sobre a folha de pagamento das empresas.

O IRPJ incide sobre o lucro das empresas, com alíquotas atuais de 15% e um adicional de 10% para lucros acima de R$ 20 mil por mês. Para cobrir apenas a arrecadação atual do Vale Transporte, seria necessário um aumento de 14,1% nas alíquotas. Já o financiamento da Tarifa Zero em todo o país exigiria um aumento de 52,4%, elevando as alíquotas para 22,86% e 15,24%, respectivamente. O documento elaborado com base no debate também elenca os pontos negativos da proposta:

- Impossibilidade de vincular o aumento da arrecadação do imposto à prestação de um serviço específico, como ocorre no caso da contribuição e da taxa.
- A arrecadação adicional seria incorporada de forma genérica aos cofres públicos, podendo ser destinada a outras áreas, inclusive para garantir os percentuais constitucionais destinados à saúde, à educação e a outras prioridades orçamentárias vigentes.

- O aumento necessário nas alíquotas para financiar a Tarifa Zero é considerado excessivamente elevado.
- A arrecadação do IRPJ é variável e sujeita às oscilações do cenário econômico, podendo sofrer quedas significativas em períodos de crise.

Subsídio da prefeitura

A função do Fundo Municipal de Transporte é aglutinar recursos para garantir a implementação e manutenção da Tarifa Zero. Muitas fontes de recursos poderão alimentar esse fundo. Uma fonte possível é a prefeitura destinar recursos do tesouro municipal para essa finalidade.

O subsídio é necessário, mas precisa ser bem formulado, de forma que se transforme em benefício real da população. A maioria das cidades não oferece esse tipo de auxílio ao transporte público, mas, da forma como funciona hoje nas localidades que aplicam essa política, o contribuinte usuário de ônibus acaba pagando duas vezes, na catraca e nos impostos. Nesse caso, a Tarifa Zero daria fim a essa dupla cobrança.

Poucos municípios têm fôlego fiscal para garantir um subsídio ao transporte público, ainda mais de forma integral, porém uma discussão séria sobre prioridades de governo, pode resultar na alocação de recursos que ajude a compor o valor do custo anual do sistema de transporte público.

O anuário da NTU (2024) destaca que 235 cidades brasileiras implementam subsídios definitivos para o transporte público, sendo que 75 dessas cidades possuem mais de 250 mil habitantes. Esses subsídios representam, em média, 29% do custo total do transporte coletivo por ônibus, financiados pelo poder público para separar tarifas públicas e remuneração, custear benefícios tarifários, integrações, entre outros. Sete cidades desse grupo também adotam a Tarifa Zero parcialmente, em dias específicos da semana ou em linhas/serviços exclusivos. Essas cidades são: Belo Horizonte (MG), Florianópolis (SC), Nova Lima (MG), Palmas (TO), Salto (SP), Santa Luzia (MG) e São Paulo (SP).

Em uma matéria publicada sobre o assunto no dia 4 de julho de 2022, no portal *Diário do Transporte*, o jornalista Adamo Bazani apresenta uma lista de boas práticas que devem orientar a concessão do subsídio. São elas:

- **Política de Transparência**, que garante a qualquer cidadão a consulta fácil, com linguagem acessível e de maneira que a informação esteja evidente, sem a necessidade de um especialista em contas públicas, planilhas e informática para obtê-la.
- **Fiscalização eficiente** através de órgãos como Ministério Público, Tribunal de Contas, Organizações Não Governamentais e conselhos. Com a implementação de canais de comunicação rápidos e eficientes, para responder ao cidadão ou aos instrumentos de controle.
- **Subsídios não podem financiar a ineficiência**, mas sim um transporte público de qualidade.
- **Interesse público em detrimento do interesse privado**. Empresas de transporte público devem ser remuneradas de acordo com o cumprimento das cláusulas firmadas em

um contrato, em que os critérios da prestação do serviço e qualidade sejam norteadores.

Estacionamento rotativo

Existem mecanismos que geram recursos para a manutenção das vias para "constantes melhorias" no trânsito do transporte individual, mas que não se transformam em benefício real para os usuários de transporte público. É preciso uma mudança de chave na mentalidade da gestão pública, para que se inicie um processo de repartição mais justa entre os recursos que são destinados para facilitar o tráfego de veículos particulares e para o financiamento do sistema público de transporte.

O estacionamento rotativo é um desses mecanismos que deveriam ter um percentual fixo destinado à composição do Fundo Municipal de Transporte. A lógica vigente, nesse caso, é garantir que o usuário do carro gere contrapartidas para a sociedade, pois um automóvel ocupa espaço quando se locomove e quando estaciona, e esse espaço é cedido gratuitamente ou por um preço muito reduzido, estimulando o uso desse modal, congestionando vias e transformando boa parte das ruas em estacionamento, ocupando espaço que poderia ser destinado à circulação de ônibus, por exemplo.

Quando tomei a decisão de implantar corredores de ônibus na cidade de São Paulo, muitos deles foram instalados em vias de mão dupla, em que duas das quatro pistas eram inteiramente ocupadas por carros estacionados. Eram vias de grande circulação, inclusive de ônibus, que tinham metade de sua capacidade comprometida para garantir vagas de estacionamento a motoristas que deixavam seus veículos por horas, em prejuízo direto à fluidez do trânsito e à eficiência do transporte coletivo.

É preciso termos em mente que uma política de transporte ousada como a Tarifa Zero só se torna viável quando passamos a questionar todo o aparato institucional que estimula e favorece o uso do transporte individual.

Percentual de multas de trânsito

O princípio é o mesmo do item anterior. De acordo com o artigo 320 do Código de Trânsito Brasileiro (CTB), a receita arrecadada com a aplicação de multas de trânsito deve ser aplicada, exclusivamente, em ações voltadas para o trânsito, como sinalização, engenharia de campo, policiamento, fiscalização, renovação de frota circulante e educação no trânsito. Ainda conforme o CTB, 5% do valor deve ser depositado mensalmente na conta de um fundo nacional destinado à segurança e educação no trânsito.

Cidades de grande e médio porte arrecadam valores expressivos com multas de trânsito. São Paulo, por exemplo, arrecadou, em 2023, cerca de R$ 1,6 bilhão. Qualquer percentual aplicado sobre esse montante já representaria uma quantia significativa para compor o fundo de financiamento do transporte público. Mesmo em cidades menores, os números são relevantes. Vitória, capital do Espírito Santo, com aproximadamente 325 mil habitantes, arrecadou pouco mais de R$ 52 milhões em 2022.

Há dois pontos fundamentais a serem defendidos aqui. Primeiro, que o Fundo Municipal de Transporte deve ser estruturado a partir de múltiplas fontes de financiamento, independentemente do valor absoluto que cada uma represente. Segundo, que é necessário incorporar o financiamento do transporte público aos diversos mecanismos de arrecadação já existentes, relacionados ao trânsito e à mobilidade urbana.

É importante esclarecer uma possível interpretação equivocada: ao mencionar "frota circulante" no artigo 320 do Código de Trânsito Brasileiro, o texto legal não se refere à frota de ônibus, mas sim aos veículos utilizados na fiscalização de trânsito, geralmente pertencentes ao poder público. Esse detalhe evidencia a necessidade de revisão e reinterpretação dos dispositivos legais e orçamentários, de modo a incluir, de forma mais explícita e efetiva, o transporte coletivo como prioridade nas políticas públicas de mobilidade urbana.

Fundo de desenvolvimento urbano

O processo de financiamento da Tarifa Zero tem de ser entendido como um esforço multissetorial, que tem potencial de fazer uma transformação na dinâmica urbana, especialmente nas cidades de médio e grande porte.

O Estatuto da Cidade prevê que os municípios podem instituir fundos específicos para financiar projetos e ações de desenvolvimento urbano, utilizando recursos provenientes de diversas fontes, como: contrapartidas financeiras de operações urbanas consorciadas e outorgas onerosas do direito de construir, entre outros.

Tais fundos estão diretamente vinculados a intervenções que impactam no contingente populacional e no tráfego em determinadas localidades. Por essa razão, é importante que parte do recurso captado seja destinada também para o sistema público de transporte, garantindo que a mobilidade urbana seja tratada como componente central no planejamento das cidades.

O Fundo de Desenvolvimento Urbano (Fundurb) da cidade de São Paulo é composto majoritariamente pela Outorga Onerosa, que é o valor que se paga à prefeitura para construir acima do Coeficiente de Aproveitamento Básico do terreno até o Coeficiente de Aproveitamento Máximo, estipulado pelo Plano Diretor. O fundo destina, pelo menos, 30% dos recursos a projetos e produção de Habitação de Interesse Social e, ao menos, 30% para implantação dos sistemas de transporte público coletivo, infraestrutura cicloviária e de circulação de pedestres.

Minha proposta é que parte desse percentual destinado ao transporte, parte sustente também o custeio do sistema municipal de transporte público.

Usuário de carros

Mexer com usuários de carro é colocar a mão em um vespeiro, mas às vezes uma das peças que está faltando para completar o intrincado quebra-cabeças do financiamento de uma política pública está dentro de uma colmeia. Quanto mais protelarmos a discussão sobre o protagonismo do veículo particular na utilização das vias, mais os problemas irão se acumular, e o trânsito não vai ficar melhor.

É necessário debatermos com seriedade o uso do carro e os impactos que isso traz ao cotidiano de uma cidade. Segundo a prefeitura de São Paulo, veículos são responsáveis por cerca de 61% das emissões de gases poluentes. É possível inferir que os veículos particulares, por estarem em maior número, também são os principais responsáveis pelos congestionamentos e acidentes no trânsito. Os custos disso para a sociedade não são mitigados de forma alguma. Ao contrário, o automóvel permanece, na maioria dos municípios, como o beneficiário prioritário das políticas públicas voltadas à mobilidade urbana.

Por isso, acho importante trazer para a mesa de discussões propostas que permitam a taxação do veículo particular por conta desses efeitos colaterais que ele traz para o trânsito. O valor a ser estipulado é uma discussão política a ser feita em cada cidade, mas uma ideia seria o valor do custo de uma passagem de ônibus por dia, por exemplo.

Aplicativos de transporte individual

As formas de financiamento da Tarifa Zero são mais do que dispositivos administrativos que garantem arrecadação de recursos, são formas de provocar reflexões sobre novas formas de enxergar a cidade e gestão do sistema de transporte público.

Quando fui Secretário Municipal de Transporte na gestão Fernando Haddad (2013-2016), enfrentei o desafio da chegada dos aplicativos de transporte tipo Uber e 99. Desde o início, eu e o corpo técnico entendemos que a exploração econômica das vias deveria ser taxada, afinal traria impactos no trânsito, meio ambiente, assim como garantias de segurança para prestadores de serviço e usuários.

O Decreto nº 56.981 de 2016, da cidade de São Paulo, regulamenta o uso do viário urbano para atividades econômicas privadas relacionadas ao transporte individual remunerado de passageiros, como o uso de aplicativos de transporte, caronas solidárias e compartilhamento de veículos sem condutor, que são as Operadoras de Tecnologia de Transporte Credenciadas (OTTCs). O decreto estabelece diretrizes para a exploração dessas atividades, assegurando a organização e o controle sobre o uso das vias públicas, além de promover a segurança e o bem-estar da população.

Funcionários públicos

No Brasil, existe uma política de gratuidade no transporte público que está institucionalizada há décadas: a isenção de cobrança de passagem de algumas categorias profissionais do serviço público, como agentes de segurança pública uniformizados e com identificação funcional, oficiais de justiça, carteiros, e outros. Essa medida é um acordo entre as partes em que não está prevista nenhuma compensação financeira por parte do ente tomador do serviço.

É necessário que os Estados (no caso de agentes de segurança) e a União (carteiros) passem a contribuir com recursos referente ao custo de transporte desses funcionários públicos, depositando o valor no fundo municipal de transporte da cidade que prestou o serviço.

Estados e União

Em relação ao transporte público, geralmente cabe à esfera estadual a responsabilidade pelo transporte de massa (trens e metrô), além dos ônibus intermunicipais. Porém, não existe nenhum mecanismo de transferência de recursos dos estados, que normalmente têm uma capacidade de arrecadação muito maior do que as cidades, para os sistemas municipais.

Uma política tão estrutural como a Tarifa Zero demanda uma repactuação federativa, em que os tesouros dos estados e União passem a contribuir de maneira significativa em seu financiamento.

Percentual do IPVA

O IPVA é uma tributação estadual, que incide sobre a posse do veículo. Vinte por cento do valor arrecadado é enviado para a União, para o Fundeb (Fundo de Manutenção e Desenvolvimento da Educação Básica e de Valorização dos Profissionais da Educação); 40% ficam no cofre do respectivo Estado; e 40% vão para o município de registro do veículo, que deve corresponder ao local de domicílio ou residência de seu proprietário.

Em tese, municípios e Estados devem empregar o valor do IPVA em infraestrutura viária, como a conservação e reformas de ruas e avenidas, mas também destinar a outras áreas, como educação e saúde, por exemplo. Entretanto, este tributo não prevê nenhuma compensação pelo espaço nas ruas que o carro ocupa ou pela poluição que provoca.

É necessário um esforço dos agentes políticos e sociais dos municípios que defendem a Tarifa Zero para que se mobilizem para incluir na mesa de negociação os governos estaduais e federal, fazendo com que estes também disponibilizam recursos financeiros para a composição do fundo municipal de transporte, através de um percentual de sua fatia do IPVA.

Beneficiários de programas sociais dos Estados

Considerando que o Brasil ainda é um país muito desigual, os entes federados devem lançar mão de diversos programas que formam uma rede de proteção social com o objetivo de mitigar tais distorções. Boa parte dos estados possui seus próprios programas de transferência e/ou complemento de renda, que beneficiam famílias em situação de baixa renda ou vulnerabilidade social.

Nesse caso, além de transferir recursos diretamente aos beneficiários, os governos estaduais poderiam estabelecer um percentual adicional e depositá-lo diretamente nos fundos municipais e estaduais de transporte e mobilidade.

Investimento em infraestrutura

Uma política de mobilidade e transporte público gratuito de qualidade necessita mais do que a simples liberação das catracas. É preciso investimento em aquisição de veículos, obras de construção ou reforma de corredores de ônibus e terminais, tecnologias de controle e gestão do sistema. Os governos estaduais e federal podem entrar com financiamento, linhas de crédito ou até mesmo o custeio integral desses itens, incentivando os municípios a implantarem projetos de Tarifa Zero.

Subsídio às pessoas acima de 59 anos

O Estatuto da Pessoa Idosa (Lei Federal 10.741/03) garante gratuidade no transporte público para pessoas acima de 59 anos. Apesar de ser uma medida correta, a União determinou uma isenção que será exercida no município, sem nenhuma compensação financeira para os orçamentos locais.

Durante a pandemia de Covid-19, de 2020 a 2022, o Governo Federal, após muita pressão, repassou recursos para o transporte público nas cidades, porém isso não virou um fluxo constante. Como visto anteriormente, são poucas as cidades que subsidiam o transporte público, e essa subvenção concedida na época serviu mais para cobrir os prejuízos das empresas de transporte do que reduzir a tarifa paga pelos usuários.

Em 2023, a Comissão de Desenvolvimento Urbano da Câmara Federal aprovou o projeto de lei do senador Nelsinho Trad (PSD-MS), relatado pela deputada Lêda Borges (PSDB-GO), que cria um programa federal para subsidiar a gratuidade dos transportes coletivos para pessoas com mais de 65 anos nos Estados e municípios. O PL 4392/21, já aprovado no Senado, institui o Programa Nacional de Assistência à Mobilidade dos Idosos em Áreas Urbanas (Pnami), que prevê assistência financeira da União – limitada a R$ 5 bilhões anuais – a Estados e municípios que possuem serviços de transporte público coletivo urbano regular. O PL segue em tramitação na Câmara dos Deputados.

Subsídio a beneficiários inscritos no CadÚnico

Em 2024, apresentei um projeto de lei (PL 105/2024), propondo um repasse de R$50,00 por pessoa inscrita no CadÚnico para municípios que instituírem a Tarifa Zero universal no transporte público. A ideia é que esse valor adicional seja depositado pela União em fundo especial criado pelo Município responsável pelo pagamento do benefício. O PL precisa ser analisado nas comissões pertinentes para assim ir para votação.

Embora defenda que o transporte público deva ser acessível a todos, reconheço que essa realidade ainda não foi plenamente alcançada. Enquanto isso, é fundamental garantir que as pessoas que mais dependem desse serviço sejam prontamente beneficiadas por políticas como esta. Em um processo gradual de implantação da gratuidade, essa medida pode atuar de forma segmentada, possibilitando que indivíduos de menor renda possam se locomover de acordo com suas necessidades e vontades.

Emendas parlamentares

No capítulo anterior, apresentei o caso de Ituiutaba (MG), cujo sistema municipal de transporte público gratuito é custeado quase integralmente através de recursos provenientes de emenda parlamentar.

Aqui tomo emprestado uma prática comum relativa ao financiamento do Sistema Único de Saúde (SUS) nas cidades. Muitos congressistas – senadores e deputados federais – indicam emendas parlamentares para o custeio dos serviços de saúde em diversos municípios. Essa estratégia decorre do alto custo desses serviços e da limitada capacidade arrecadatória que muitos municípios, que, por sua vez, buscam articular junto aos parlamentares a destinação de dinheiro para complementar seus orçamentos.

Então me pergunto: por que não destinar recurso de emendas parlamentares para o custeio da Tarifa Zero no sistema municipal de transporte? São bilhões de reais que o governo federal repassa às casas legislativas, para que os parlamentares encaminhem os recursos às cidades. E o exemplo da cidade mineira demonstra que é possível usar essa fonte de financiamento para essa finalidade.

A Tarifa Zero tem se mostrado viável enquanto política de transporte público, pois gestores, acadêmicos, atores sociais e políticos têm se debruçado sobre a questão e estudado mecanismos que possibilitem a implementação efetiva dos projetos, respeitando as especificidades de cada localidade. Não existe uma fórmula única, mas todos os projetos nascem de um pressuposto de que se locomover é uma das coisas mais importantes que uma pessoa pode fazer em seu dia a dia.

Capítulo 5
Outros desafios

Embora eu entenda a Tarifa Zero como principal indutor do debate e da construção de uma nova política de mobilidade urbana, reconheço que ela não constitui um fim em si mesma. Seu sentido pleno se concretiza quando estiver inserida a um conjunto mais amplo de medidas que componham uma política macro de mobilidade – uma política que vá para além do transporte público, incidindo sobre os outros modais (trem, metrô, caminhões, carros, motos, bicicleta e caminhada), de maneira que eles trabalhem de forma complementar, garantindo a todas as pessoas o direito integral de ir e vir pelas cidades.

Como procurei demonstrar até aqui, a Tarifa Zero é uma política complexa, que demanda novas concepções sobre o transporte público e o planejamento urbano. No entanto, para que possamos construir cidades mais funcionais, acessíveis e agradáveis, essa medida deverá estar articulada a um sistema que promova a integração municípios, Estados e União com papéis estratégicos e complementares no financiamento, regulação e implementação de ações.

Sistema Único de Mobilidade

Para avançarmos um pouco mais nessa discussão, aqui devemos pegar emprestado o exemplo do Sistema Único de

Saúde. O SUS coordena uma série de políticas atribuindo papéis e responsabilidades para cada um dos entes federados. Papéis que vão desde o financiamento, passando por um planejamento macro de políticas nacionais, até a implementação no território, respeitando as características locais.

Importante destacar que o SUS não está limitado ao atendimento médico. Sob seu amplo guarda-chuvas, estão incluídas as áreas de vigilância sanitária, regulação de internações, autorização de medicamentos, controle epidemiológico, gerenciamento de lista de transplante de órgãos, entre outras funções. Essa articulação só é possível devido a sua concepção sistêmica, que estabelece um fluxo coordenado de competências e um modelo de governança que envolve diferentes níveis de governo, além da participação de diversos atores sociais.

Como abordado anteriormente, o transporte público no Brasil é, majoritariamente, uma atribuição municipal. Aos Estados cabe o transporte intermunicipal e os modais de maior capacidade, como trens e metrôs — funções importantes, mas ainda complementares no conjunto da mobilidade urbana. Já a União não possui, atualmente, um papel institucional claramente definido no setor.

Diferentemente do SUS, não existe coordenação nacional na política de transporte. Existem diretrizes pontuais, mas elas se mostram insuficientes para enfrentar a precariedade estrutural e financeira que caracteriza a maior parte dos sistemas públicos da área. A ausência de uma estrutura sistêmica e integrada impede avanços mais robustos na consolidação de uma política pública de mobilidade que seja universal, equitativa e sustentável.

Em 2023, um coletivo parlamentar liderado pela deputada federal Luiza Erundina (PSOL-SP) protocolou a Proposta de Emenda à Constituição nº 25/2023 (PEC 25/2023), que propõe a inclusão do Capítulo IX ao Título VIII da Constituição Federal. O objetivo da proposta é regulamentar o direito social ao transporte — já previsto no artigo 6º —, estabelecendo diretrizes para sua efetivação por meio da criação do Sistema Único de Mobilidade (SUM).

Veja abaixo os artigos propostos:

Art. 232-A: O transporte é direito de todos e dever do Estado, organizado, nos termos da lei, em um sistema único de mobilidade que se orienta pelas seguintes diretrizes:

I - Universalidade;

II - Gratuidade ao usuário do transporte público coletivo urbano e de caráter urbano;

III - Descentralização e cooperação entre as esferas de governo com direção única em cada uma delas, consideradas as regiões instituídas nos termos do § 3° do art. 25;

IV - Planejamento da rede de transporte na forma de rede única, integrada e intermodal, adequada à demanda e aos objetivos do desenvolvimento urbano sustentável;

V - Participação da sociedade civil no planejamento, fiscalização e avaliação das ações no âmbito do sistema.

§ 1° - Os serviços de transporte público coletivo urbano e de caráter urbano integram rede regionalizada e hierarquizada e constituem o elemento estruturante do sistema único de mobilidade.

§ 2º - A lei de que trata o *caput* definirá diretrizes para a elaboração e fiscalização de contratos de prestação de serviço de transporte público coletivo urbano por terceiros, sem prejuízo do disposto no inciso V do art. 30.

§ 3º - A Lei de que trata o *caput* disporá sobre os prazos a serem observados pelo poder público para efetivação do disposto no inciso II deste artigo.

Art. 232-B: O serviço de que trata o art. 232-A será financiado pela União, Estados, Distrito Federal e Municípios por meio de percentual do produto da arrecadação dos impostos que lhes competem em proporção definida na lei que instituir o sistema único de mobilidade, descontados os recursos das contribuições de que trata o art. 232-C.

§ 1º - O disposto neste artigo não exclui a possibilidade de utilização de recursos oriundos de fontes adicionais de custeio, incluindo contribuições dos beneficiados pelo serviço público, receitas de exploração de estacionamentos públicos e contribuições de melhoria decorrentes de valorização imobiliária resultante de investimentos públicos em mobilidade.

§ 2º - Os percentuais de contribuição de cada Ente serão definidos nos orçamentos anuais até que seja editada a lei de que trata o *caput*.

§ 3º - Os recursos de que tratam o *caput* e o art. 232-C comporão um ou mais fundos destinados exclusivamente ao financiamento dos serviços de que trata o art. 232-A.

§ 4º - A lei que instituir o sistema único de mobilidade estabelecerá regras para distribuição dos recursos dos fundos de que trata o § 3º, observadas as demandas metropolitanas.

Art. 232-C: Será instituída, observado o disposto nos incisos I e inciso III, alíneas "a" e "c", do art. 150, contribuição pelo uso potencial ou efetivo do sistema viário, destinada exclusivamente ao custeio do serviço de transporte público coletivo urbano e de caráter urbano:

I - Pelos Municípios e Distrito Federal, a ser paga pelos proprietários de veículo automotores de qualquer natureza;

II - Pela União, a ser paga pelo empregador, pessoa física ou jurídica.

§ 1º - Lei federal disporá sobre a periodicidade, hipóteses de isenção, base de cálculo e requisitos a serem observados pelos Municípios e Distrito Federal para instituição da contribuição de que trata o *caput*, que terá caráter progressivo.

§ 2º - A contribuição instituída pela União somente será devida por empregador cuja operação se dê em Município onde o serviço de transporte público coletivo urbano seja prestado nos termos do inciso II do art. 232-A."

Destaco, a seguir, os cinco incisos do artigo 232-A, que, além de estabelecerem os princípios da universalidade e da gratuidade do transporte público (incisos I e II), também tratam da cooperação federativa entre os entes da federação; do planejamento de uma rede intermodal de transporte; e, em especial, da participação popular no processo decisório.

Hoje, o debate sobre política de mobilidade e transporte público se encontra concentrado nas mãos de políticos, técnicos, empresários e acadêmicos. No entanto, considero ser essencial a inclusão dos usuários nesses processos de formulação, implantação e avaliação dessas políticas.

Durante minha gestão como secretário municipal de Transportes em São Paulo, criei o Conselho Municipal de Trânsito e Transporte com o objetivo de institucionalizar essa escuta. Embora hoje esse colegiado tenha caráter consultivo, defendo que ele evolua para uma instância deliberativa, à semelhança dos conselhos vinculados ao Sistema Único de Saúde (SUS). Essa mudança fortaleceria o controle social e ampliaria os mecanismos de democracia participativa, que são fundamentais para a efetividade e legitimidade de qualquer política pública.

A Proposta de Emenda à Constituição (PEC) 25/2023, atualmente em tramitação no Congresso Nacional, representa um potencial marco legal para o setor de mobilidade urbana. No entanto, sua aprovação exigirá não apenas articulação política por parte de parlamentares comprometidos com a pauta, mas também uma ampla mobilização popular. É imprescindível que a sociedade civil organizada e os cidadãos que compreendem a urgência da transformação dos sistemas públicos de transporte se envolvam ativamente, utilizando os canais institucionais disponíveis — como audiências públicas, conselhos setoriais e consultas legislativas.

A PEC é apenas uma das ferramentas jurídicas para a construção de um novo modelo de mobilidade urbana no país. Ao longo do meu mandato, apresentei diversos projetos de lei com o objetivo de viabilizar a Tarifa Zero, os quais detalho nos anexos desta publicação. Outros parlamentares também têm contribuído com proposições que, somadas, podem ajudar a modelar institucionalmente a criação e o fortalecimento do Sistema Único dc Mobilidade (SUM), conferindo-lhe base legal, diretrizes operacionais e mecanismos de financiamento sustentáveis.

Por se tratar de uma política transversal, a mobilidade urbana vai para além da construção de vias, regulamentação de vagas de trânsito, de deslocamento de pessoas, de modelos de gestão, diversos modais etc. Seus efeitos impactam diretamente em questões urbanísticas, de serviços públicos, de trabalho e ambiental. Diante dessa complexidade, é fundamental reconhecer que a construção de um sistema nacional de mobilidade exige um esforço coordenado entre múltiplos atores — poder público, sociedade civil, setor acadêmico, empresariado, sindicatos e organizações sociais. Cabe a esses agentes, de forma integrada, estabelecer um arcabouço normativo, institucional e tecnológico que dê sustentação a uma política nacional de mobilidade urbana democrática, sustentável e inclusiva.

Frente Parlamentar em Defesa da Tarifa Zero no Transporte Público

Criada em novembro de 2023, por iniciativa do então deputado federal Washington Quaquá (PT-RJ), a Frente Parlamentar em Defesa da Tarifa Zero no Transporte Público foi idealizada como um espaço político-institucional para impulsionar não apenas o debate sobre a gratuidade, mas também para promover reflexões mais amplas acerca da estruturação de um Sistema Único de Mobilidade (SUM).

Em agosto de 2024, assumi a presidência da Frente, que conta com a participação de mais de 200 parlamentares, de diversos partidos e regiões do país. Nosso objetivo central é articular e promover um conjunto de medidas que viabilizem a implantação da gratuidade universal no transporte público, com base em princípios de justiça social, sustentabilidade e integração federativa.

A Frente trata o tema a partir das diversas perspectivas envolvidas no assunto mobilidade. Para além da questão do acesso ao direito de ir e vir livremente, a gratuidade no transporte traz externalidades positivas para a sociedade no campo da economia, inovação tecnológica, geração de emprego, sustentabilidade ambiental e reorganização urbana.

Durante a cerimônia em que assumi a presidência, aproveitamos para celebrar uma parceria com a Universidade de Brasília (UnB), com o intuito de fomentar a produção de estudos técnicos e aprofundar a análise de experiências em curso para levar esse debate para além do Congresso Nacional.

Uma das primeiras iniciativas da Frente foi a sistematização de todas as proposições legislativas relacionadas ao transporte público e à mobilidade urbana em tramitação no Congresso Nacional. Esse mapeamento será apresentado ao presidente da Câmara dos Deputados, deputado Hugo Motta, para que possamos organizar o encaminhamento dessas propostas nas comissões temáticas pertinentes, visando acelerar sua análise e tramitação.

Vamos embarcar nessa ideia?

Esse livro foi concebido como introdução abrangente do assunto Tarifa Zero. Cada capítulo e subcapitulo pode – e alguns certamente serão –, ser desdobrado em artigos e até mesmo outras publicações de maior fôlego, com o objetivo de qualificar ainda mais o debate de cada uma dessas frentes de trabalho aqui apresentadas.

Tenho plena convicção de que a gratuidade universal no transporte público é a alternativa necessária para nossa política atual, que se estrutura em cima de uma tarifa cara, que periodicamente necessita de aumento, excluindo a cada aumento milhões de pessoas dos sistemas municipais de transporte.

Trouxe uma série de exemplos de cidades que praticam a Tarifa Zero, que demonstram diferentes abordagens para garantir o direito ao transporte, como forma de mostrar que existem diversos caminhos, ideais para cada tipo de município, de acordo com as características socioeconômicas de cada localidade.

A meu ver, este debate já está atrasado no centro político, e creio que a Frente Parlamentar vem para corrigir essa questão e ganharmos agilidade e amplitude desse debate. Vamos reunir estudos de casos com o objetivo de refinar cada vez mais as diversas propostas de políticas de gratuidades.

Seguirei percorrendo o Brasil — e, sempre que possível, o mundo — para conhecer de perto outras experiências, dialogar com gestores públicos, pesquisadores e a sociedade civil, e contribuir para consolidar a Tarifa Zero como direito de todos.

A construção de cidades mais inclusivas, acessíveis e sustentáveis depende da coragem de propor novas soluções. A Tarifa Zero é uma delas.

E aí? Vamos embarcar nessa ideia?

Agradecimentos

Em minha trajetória política tive muitas pessoas ao meu lado. Familiares, amigos, professores, colegas de trabalho que me ajudaram em todo esse processo que me fez chegar até aqui.

Em meus agradecimentos, não quero citar casa um desses nomes, por ter certeza de que serei traído por minha memória e certamente irei esquecer alguém. No entanto, existem duas pessoas que não posso deixar de destacar: Marta Suplicy e Fernando Haddad, que me convidaram para ser Secretário Municipal de Mobilidade em suas respectivas gestões da Prefeitura de São Paulo

Agradeço a Marta Suplicy por confiar na minha capacidade para fazer a gestão do sistema municipal de transportes, que vivia uma crise sem precedentes. Reestruturamos o sistema de transporte público na maior cidade do país e transformamos a forma de as pessoas se locomoverem por São Paulo. Cito a criação dos corredores exclusivos e a implantação do Bilhete Único como as principais marcas daquele governo.

Também quero agradecer a Fernando Haddad, que me deu a oportunidade de propor um debate mais profundo sobre a apropriação da cidade pelas pessoas e implementar políticas inovadoras, que mudaram a cara da cidade: ampliação dos corredores exclusivos de ônibus; aprimoramento do Bilhete Único; medidas de segurança no trânsito, como a redução de velocidade nas principais vias; criação do Passe Livre Escolar e ampliação das gratuidades, e também a implantação das ciclovias e ciclofaixas.

Aproveito também para agradecer aquelas e aqueles que compuseram as equipes que trabalharam comigo nos anos que comandei a secretaria. Aprendi muito e, com base nesse aprendizado, continuo me empenhando para absorver cada vez mais conhecimento para formular novas propostas para mobilidade urbana, agora na condição de deputado federal.

Meu muito obrigado a todas e todos vocês!

Referência bibliográfica

ANDRES, R. (2022). *A razão dos centavos: Crise urbana, vida democrática e as revoltas de 2013. 2022.* Tese (Doutorado em Arquitetura e Urbanismo) – Faculdade de Arquitetura e Urbanismo da Universidade de São Paulo, São Paulo, 2022.

ASSAD, K. C., QUEIRÓZ, I. D. (2015). Movimentos sociais pelo transporte coletivo no Brasil manifestações, estratégias de luta e desafios. *Serviço Social em Revista.* https://ojs.uel.br/revistas/uel/index.php/ssrevista/article/view/23756

BASTOS, V. M., & MARTINS, S. F. (2012). Automóvel versus bicicleta: disparidade na sociedade de consumo. *Boletim Gaúcho de Geografia*, *39*(1-2).

BRASILEIRO, A., e HENRY e TURMA, E. (1999). Viação ilimitada. Ônibus das cidades brasileiras. *TRANSPORTES*, 7(2). https://doi.org/10.14295/transportes.v7i2.230

CARDOSO, C. E. P. (2008). *Análise do transporte coletivo urbano sob a ótica dos riscos e carências sociais. 2008.* 138 f. Tese (Doutorado em Serviço Social) - Pontifícia Universidade Católica de São Paulo, São Paulo

CDNL (2022). Confederação Nacional de Dirigentes Lojistas. ANÁLISE MOBILIDADE URBANA 2022. Acessado em maio de 2023 https://site.cndl.org.br/populacao-dos-grandes-centros-perde-em-media-21-dias-do-ano-no-

-transito-aponta-cndl-spc-brasil/

DAUDT, G. M., e WILLCOX, L. D. (2018). Indústria automotiva = Automotive industry. In: PUGA, Fernando Pimentel; CASTRO, Lavínia Barros de (Org.). Visão 2035: Brasil, país desenvolvido: agendas setoriais para alcance da meta. 1. ed. Rio de Janeiro: Banco Nacional de Desenvolvimento Econômico e Social, 2018. p. 183-208.

DELLHEIM, J. (2023). Por um debate mais transformador sobre a Tarifa Zero: reflexões para o estudo com base na discussão do tema, principalmente em inglês e alemão, durante os últimos dois anos. *Journal of Sustainable Urban Mobility*, 3(1), 67–86. https://doi.org/10.53613/josum.2023.v3.006

DE TRÓI, M. (2023). A Tarifa Zero é uma proposta concreta: entrevista com Lúcio Gregori. *Journal of Sustainable Urban Mobility*, https://ipmmu.com.br/josum/article/view/30

GODEIRO, N. (2012). Transportes urbanos no Brasil, 2% do PIB para solucionar a crise da matriz metroferroviária. *Revista Universidade e Sociedade*, ano 22, n. 50, p. 32-45, jun. 2012.

GOMES, T. V. Z., BAIARDI , Y. C. L., & ZIONI, S. (2023). Caminhos para uma nova gestão e financiamento Transporte Público Coletivo: experiências de Tarifa Zero na macrometrópole paulista. *Journal of Sustainable Urban Mobility*, 3(1), 96–110. https://doi.org/10.53613/josum.2023.v3.008

GONÇALVES, C. C.; SANTINI, D. (2023) Tarifa Zero, segregação e desigualdade social: um estudo de caso sobre a experiência de Mariana (MG). *Journal of Sustainable Urban*

Mobility https://ipmmu.com.br/josum/article/view/17

IBGE (2021) Instituto Brasileiro de Geografia e Estatística. Pesquisa de Orçamentos Familiares – POF 2017- 2018 Nota técnica 01/2021

LOPES, G., FERNANDES, G. F., & AQUINO, I. (2023). Tarifa Zero e DOTS: assimetria de acesso a uma cidade sustentável. *Journal of Sustainable Urban Mobility*, 3(1), 33–49. https://doi.org/10.53613/josum.2023.v3.004

NTU (2022). Associação Nacional das Empresas de Transportes Urbanos Anuário NTU: 2021-2022 / Associação Nacional das Empresas de Transportes Urbanos. - Brasília: NTU, 2022. 80 p. ISSN: 2317-8868

NTU (2017). Associação Nacional das Empresas de Transportes Urbanos Pesquisa mobilidade da população urbana 2017 / Confederação Nacional do Transporte, Associação Nacional das Empresas de Transportes Urbanos. - Brasília: CNT: NTU, 2017. 96 p.: il. Bibliografia. ISBN 978-85-66881-10-3

ORTOLAN, J. C. (2024). *Junho de 2013 e os avanços da Tarifa Zero: uma análise das antecedências e repercussões da luta a partir de uma crítica dos afetos. 2024.* Dissertação de Mestrado do Programa de Pós-Graduação em Arquitetura e Urbanismo da Universidade Federal de Minas Gerais, Belo Horizonte, 2024.

PEREIRA, T. F.; VERMANDER, M.; KĘBŁOWSKI, W. (2023). Motivações e características das políticas de Tarifa Zero em municípios brasileiros selecionados. *Journal of Sustainable Urban Mobility,* https://ipmmu.com.br/josum/article/view/19

RODRIGUES, J. M. (2013) Evolução da frota de automóveis e motos Brasil. Relatório Observatório das Metrópoles. Disponível em: https://observatoriodasmetropoles.net.br/arquivos/biblioteca/abook_file/relatorio_frota2013.pdf . Acesso em: 10 de out. 2024.

ROLNIK, R. (2013). Uma faixa exclusiva de ônibus incomoda muita gente. 2013. Disponível em: http://www.viomundo.com.br/voce-escreve/raquel-rolnik.html Acesso em: 09 out. 2024.

SALDIVA, P. (2020). Entrevista concedida para o site Summit Mobilidade, do Grupo o Estado de São Paulo em 6 de agosto de 2020. Acessado em maio de 2023. https://summitmobilidade.estadao.com.br/guia-do-transporte-urbano/as-relacoes-entre-mobilidade-urbana-e-saude/

Anexos

1. ARTIGOS

VAMOS FALAR SOBRE TARIFA ZERO PARA ÔNIBUS?

Jilmar Tatto (PT-SP) fala sobre zerar a tarifa de ônibus; cidades que implantaram a política; e a construção de um Sistema Único de Mobilidade Urbana

22 de novembro de 2022 – *Brasil 247*

Transporte e mobilidade são políticas públicas matriciais em uma cidade. São elas que garantem (ou não) o acesso das pessoas a serviços essenciais, emprego e lazer. Exatamente por entender que ir e vir é uma questão fundamental, quando fui candidato a prefeito de São Paulo, em 2020, apresentei a proposta de Tarifa Zero nos ônibus municipais.

De forma resumida, a ideia consistia em implantar a gratuidade de forma progressiva, priorizando grupos de interesse, como desempregados, estudantes, idosos, gestantes etc.; depois as linhas noturnas; finais de semana; após 4 anos, chegaria na Tarifa Zero para todo o sistema.

A equipe responsável pelas políticas de transporte do meu plano de governo fez todos os cálculos necessários e apresentou ações para a gestão do sistema, com ganho de eficiência, previsibilidade e, principalmente, transparência e controle sobre os contratos. O plano também trazia propostas de fontes de receitas alternativas para subsidiar o benefício.

Na cidade de São Paulo, cujo preço da passagem aos usuários é R$ 4,40, os cofres municipais gastam em torno de R$ 3,3 bilhões anuais para custear: quase metade do valor real da tarifa; transferências gratuitas previstas pelo Bilhete Único; passe livre para idosos e estudantes, por exemplo. Apesar do subsídio, o temor do ajuste do valor da passagem é uma questão presente no cotidiano paulistano.

Nos últimos anos, vemos uma queda acentuada do número de usuários nos ônibus da cidade. A tarifa cara, que pesa no bolso dos usuários, é um dos principais motivos. Estamos falando de milhares de pessoas que deixam de ir a entrevistas de emprego, cursos e consultas, pois o dinheiro da passagem poderá fazer falta para outra coisa mais urgente.

No dia 11 de novembro, Ricardo Nunes, prefeito de São Paulo, anunciou a contratação de estudos para verificar a viabilidade da Tarifa Zero nos ônibus municipais. Enquanto Deputado Federal eleito e ex-candidato a prefeito, me coloco à disposição de compartilhar com a equipe da SPTrans e demais interessados os estudos produzidos pelo PT, com o objetivo de contribuir com o debate.

São Paulo é uma cidade única na América Latina, com fôlego fiscal e capacidade de atrair investimentos favoráveis a inovações na área de políticas públicas. No entanto, está atrasada nesse debate. No próximo texto, irei trazer exemplos de cidades no Brasil que praticam a Tarifa Zero, para trazer mais elementos que devemos considerar para avançar na implantação dessa política.

TARIFA ZERO: DO SONHO À REALIDADE

De acordo com a Associação Nacional de Transporte Público, mais 40 cidades brasileiras proporcionam alguma forma de gratuidade do transporte

30 de novembro de 2022 – *Brasil 247*

Assim como saúde e educação, o direito de ir e vir é assegurado pela Constituição de 1988. Porém, enquanto os dois primeiros contam com todo um aparato estatal para a oferta gratuita dos serviços, para se deslocar através do transporte público, os usuários desembolsam tarifas que pesam cada vez mais no orçamento familiar.

Como ressaltei no artigo anterior, de 22 de novembro de 2022, transporte e mobilidade são políticas públicas matriciais, que vão muito além do deslocamento do ponto A ao ponto B. Também significam acessibilidade e usufruto do direito a serviços públicos e privados que são ofertados longe. Se saúde e educação, para ficar em dois exemplos, as pessoas usam quando têm necessidade ou durante um período da vida, a locomoção é uma necessidade quase que diária.

Exemplos

Algumas cidades ao redor do mundo e no Brasil romperam com o paradigma vigente nos sistemas públicos de transporte e adotaram Tarifa Zero. Além de garantir locomoção e acessibilidade, essas cidades proporcionaram economia no orçamento de milhões de pessoas.

Para ficar apenas em exemplos nacionais, destaco as cidades de Maricá (RJ), Vargem Grande Paulista (SP) e Caucaia (CE). Cada uma delas adotou um modelo diferente de financiamento. Resumidamente, Maricá utiliza parte dos royalties que recebe da extração do petróleo; Vargem Grande substituiu o Vale Transporte por um auxílio pago pelas empresas; e a cidade cearense fez uma revisão de contratos que gerou uma economia substancial para subsidiar a Tarifa Zero.

Provavelmente, entre as mais de 40 cidades que adotam essa prática, existam outras formas de financiamento para garantir o transporte gratuito.

Economia que vira receita

Ao garantir uma economia substancial às famílias, a Tarifa Zero possibilita o aumento da cesta de consumo, bem como incentiva o trânsito das pessoas por locais em que o dinheiro gira. Com o transporte com peso nulo no orçamento das pessoas, é de se presumir que elas irão circular mais, com impactos positivos na economia.

Outro efeito colateral desejável é a diminuição do transporte individual, com impacto nos congestionamentos, diminuição do tempo de deslocamento e redução dos níveis de CO_2. A inovação tecnológica para veículos mais modernos também tem impactos econômicos, mas isso demanda uma outra conversa.

Ação progressiva

Ao analisar o perfil demográfico dos municípios em que a Tarifa Zero foi implementada, nota-se que são pequenos e médios, cuja demanda é difícil comparar com as grandes cidades. Entretanto, os exemplos acima mostram que cada caso é um caso, e que as ações podem ser executadas de forma progressiva, de acordo com o ambiente político e estrutural de cada local. Ribeirão Pires (SP), por exemplo, oferece a gratuidade aos domingos e feriados. Um passo importante foi dado.

Críticos da ideia da Tarifa Zero apontam as dificuldades e não se atentam às possibilidades. A ideia de que a política será implantada através de uma canetada é irreal. Ela será fruto de uma construção conjunta de usuários, prestadores de serviço e poder público. Inclusive porque existem questões que precisam ser pactuadas e asseguradas, como qualidade, previsibilidade e segurança, entre outras.

Sistema Único de Mobilidade

O Sistema Único de Saúde tem uma história belíssima de construção social, que resultou em um dos maiores sistemas públicos do mundo. Se transporte e mobilidade são questões de base de uma sociedade, por que não pensarmos em um sistema que garanta uma política nacional? Hoje em dia, os cofres municipais e os usuários são os principais financiadores do transporte público. Está na hora de União e Estados entrarem nessa partilha e na corresponsabilização da oferta desse serviço.

No próximo texto, vou abordar a necessidade do Sistema Único de Mobilidade.

PROBLEMAS ESTRUTURAIS DEMANDAM SOLUÇÕES ESTRUTURAIS

A criação de um Sistema Único de Mobilidade nos moldes do SUS é a radicalização necessária para garantir transporte público gratuito de qualidade

15 de dezembro de 2022 – *Brasil 247*

De forma geral, é possível afirmar que o transporte público brasileiro vive um momento de crise. Dados apontam que, desde os anos de 1990, o número de passageiros cai progressivamente, resultando em um desiquilíbrio entre o custo do serviço e a tarifa cobrada. Calcado em um modelo pouco transparente, em que o custo é bancado majoritariamente pelo usuário, existem poucos incentivos para ações que garantam mais qualidade, previsibilidade e economia para quem usa.

A pandemia de Covid-19 deu contornos mais fortes ao problema. A necessidade de isolamento social fez despencar o número de usuários, obrigando o poder público a aumentar cada vez mais o repasse de recursos para subsidiar o funcionamento do serviço.

Essas são questões administrativas, mas ainda temos as questões operacionais, como aumento do combustível e demais insumos derivados de petróleo, entre outros.

Usuários

Do lado do usuário, o problema é ainda maior. Veículos cada vez mais lotados, que transitam por ruas congestionadas... Ou seja, conforto e previsibilidade são utopia, principalmente em horário de pico. Tudo isso coroado com o desembolso de uma tarifa cara, incompatível com a baixa qualidade do serviço prestado.

Diversos acadêmicos e movimentos sociais voltados ao debate da reforma urbana e mobilidade entendem que a solução para estes problemas é a criação do Sistema Único de Mobilidade (SUM). Nos moldes do SUS (Sistema Único de Saúde) e SUAS (Sistema Único de Assistência Social), a ideia central é criar uma política pública de transporte e mobilidade em que União, estados atuem em conjunto com os municípios no compartilhamento de responsabilidades e cofinanciamento do sistema.

Duplo zero

Ressalto mais duas questões. Primeiro, a promoção de participação popular no planejamento e fiscalização da das políticas de mobilidade, dando voz à parte mais interessada no processo: os usuários. Segundo, a política Duplo Zero (Tarifa Zero; Emissão Zero), em que se direcione uma política nacional de gratuidade universal do transporte público, bem como a promoção de uma renovação tecnológica com a aquisição de uma frota de veículos elétricos.

A linha guia de atuação do SUM será dar prioridade ao transporte público coletivo em detrimento do transporte individual, com integração de modais e corredores exclusivos, num processo amparado por políticas de mobilidade ativa e segurança no trânsito, em especial para os pedestres.

Construção social

Essa política pública será fruto de um processo de construção social que institua uma política nacional respeitando as necessidades e características regionais, mas que garanta a todas as pessoas acesso a serviços e espaços urbanos de forma democrática, em que ninguém é excluído pela falta de recurso para se locomover.

O Brasil é marcado por desigualdades, em especial nos espaços urbanos, que dividem geograficamente as classes sociais, concentrando empregos e serviços em regiões centrais, onde habitam as classes média e rica, enquanto a população de baixa renda fica na periferia, arcando com o ônus de se locomover para ter acesso a serviços públicos e privados. O Sistema Único de Mobilidade é uma solução estruturante para um problema estrutural, e a construção dele será uma das minhas principais bandeiras na Câmara Federal.

Com este texto, finalizo uma série de três artigos para o *Brasil 247*, em que me propus a debater a importância da Tarifa Zero e as implicações envolvidas para chegar até ela. O assunto ainda não está esgotado e outras questões surgirão. Utilizarei esse espaço para tornar a compartilhar com o público aquilo que defendo como soluções para nossos problemas.

TARIFA ZERO É UMA CONSTRUÇÃO POSSÍVEL

Fadiga do modelo de gestão do transporte público obriga sociedade a buscar novas políticas

7 de dezembro de 2022 – Jornal *O Globo*

A permissão concedida pelo STF para que os municípios ofertassem transporte público gratuito no segundo turno da eleição de 2022 levantou o debate sobre quem tem acesso à mobilidade, em especial nas grandes cidades. A presunção de que todas as pessoas gozam do direito constitucional de ir e vir entrou em xeque quando ficou evidente que muitos eleitores pobres deixariam de ir às urnas devido ao custo elevado do deslocamento.

Passada a eleição, o prefeito de São Paulo encomendou um estudo para ver a viabilidade da implantação da Tarifa Zero na cidade. Em 2020, quando fui candidato na capital paulista, meu plano de governo já trazia essa proposta. Portanto, eu me coloquei à disposição para compartilhar os estudos feitos na ocasião.

Como sempre, qualquer política pública discutida na cidade de São Paulo entra na pauta nacional, e a Tarifa Zero passou a ser debatida além dos diversos grupos de estudos que militam nessa causa.

Integrante do grupo de trabalho Cidades, da equipe de transição, levei a pauta para debate. Mais do que sair com um receituário prescritivo, o objetivo é criar condições para que os estados e os municípios tenham ferramentas que permitam viabilizar a proposta.

Tenho visto muitas manifestações contrárias, como o editorial de 5 de dezembro do *Globo*, que reduzem o debate a uma canetada monocrática que promoverá uma virada de chave: "a partir de amanhã transporte gratuito pra todo mundo". Evidente que não será assim.

O plano de governo que apresentei em 2020, por exemplo, previa uma progressão do direito. Além dos grupos de interesses já contemplados, como estudantes, pessoas com deficiência e idosos, minha proposta era estender a desempregados, posteriormente a horários de pouco movimento, depois aos fins de semana, até chegarmos à gratuidade total.

Os argumentos contrários à Tarifa Zero são pertinentes, mas não eliminam a necessidade do debate, tampouco superam os entraves existentes. Além do mais, o modelo atual já está se mostrando fadigado, com necessidade cada vez maior de aporte dos tesouros municipais. E o debate sobre a gratuidade incluirá o aumento do papel da União e dos Estados no cofinanciamento do serviço.

Um exemplo da importância dessa repactuação: a Constituição de 1988 sempre previu o repasse da União para custear a gratuidade para pessoas acima de 65 anos. O que nunca aconteceu na prática até a pandemia. A partir do colapso financeiro pela queda de usuários no sistema de transporte, o governo federal disponibilizou um fundo para subsidiar as tarifas municipais.

Hoje, levanto essa bandeira na equipe de transição. A partir de fevereiro, quando assumo meu mandato como deputado federal, levarei o debate à Câmara dos Deputados. Minha experiência como secretário municipal de

Transporte de São Paulo — onde as implantações do Bilhete Único e dos corredores exclusivos foram inicialmente criticadas por parte da opinião pública, que rapidamente reconheceu os benefícios das ações — me dá a certeza de que a proposta deverá ser discutida à exaustão. Isso para viabilizar uma política de mobilidade que, além da Tarifa Zero, garanta qualidade no serviço prestado.

Este é um assunto que não é possível esgotar num espaço tão limitado. Há muitas questões para o debate público. Desde o benefício que a medida pode ter na cadeia econômica até a criação de um Sistema Único de Mobilidade no modelo do SUS, para garantir o direito de ir e vir de todas as pessoas.

Administração pública é uma tarefa que transcende a gestão do passivo existente, e que deve buscar a inovação como um meio. Políticos eleitos não podem se dar ao direito de dizer "o que não tem solução, solucionado está".

2. AUDIÊNCIA PÚBLICA

PARTICIPAÇÃO DA COMISSÃO DE TRÂNSITO E TRANSPORTE NA CÂMARA DE SÃO PAULO – 12 DE JULHO 2023

Uma das minhas missões como propagador da ideia da Tarifa Zero é debater a proposta nos municípios. Desde 2023, viajei praticamente todas as regiões do país para dialogar com parlamentares, gestores públicos, estudantes, empresários e usuários do transporte público. Sempre é uma experiência produtiva. Abaixo trago alguns tópicos que abordei em minha participação na Comissão de Trânsito e Transporte na Câmara de São Paulo, cidade que tive a honra de ser Secretário de Transportes por mais tempo. Para efeito de facilitar a leitura, editei o texto, deixando apenas o essencial. Ao final, seguirá um QR Code para acessar o vídeo. Boa leitura!

...

Quero dizer que sou um entusiasta muito grande do transporte público gratuito e universal, da Tarifa Zero. Isso não é mais uma novidade no mundo, não é mais uma novidade no Brasil. Nós temos hoje 59 cidades no Brasil que praticam a Tarifa Zero.

Então, implantar a Tarifa Zero na cidade de São Paulo é um desafio muito grande. Exige muita determinação, coragem, competência e um esforço muito grande. [...] Eu quero dizer para vocês que é possível, e que o direito de ir e vir é um direito que está garantido na Constituição. Ninguém pode ser impedido de se deslocar de um lugar para outro e não conseguir por questões financeiras. É a mesma coisa. Nós, felizmente, no Brasil. Temos um sistema único de saúde.

Se a pessoa está doente ou se a pessoa machuca o pé, ela sai, vai no posto de saúde, ela é tratada e não paga nada. Foi uma conquista da Constituição de 1988 e que a gente tem que aperfeiçoar cada vez mais. No transporte tem que ser assim também. A pessoa sai de casa, ela vai para o trabalho, ela sai de casa, vai visitar um parente, sai de casa, vai para o cinema, vai fazer uma atividade cultural, a pessoa sai de casa, vai namorar, ela tem esse direito, ela não pode ser impedida. Isso está na Constituição, o direito de ir e vir.

Milhões de pessoas não saem de casa, deixam de fazer as suas atividades porque não têm recurso, porque não têm dinheiro. Então, eu acho que esse é o desafio.

Nós implantamos o Bilhete Único na cidade de São Paulo, que foi uma unanimidade. Hoje, se perguntar o que as pessoas acham do Bilhete Único, ouso dizer que 100% concordam com o Bilhete Único. Quando nós implantamos o Bilhete Único, não tinha nenhuma referência no mundo. Não, não colapsou o sistema. Porque o ser humano, o ser humano, ele se compõe. Ele começa a fazer, organizar as suas viagens. Quem pega ônibus sabe que, de repente, naquele horário vai ficar pendurado, ele começa a chegar mais cedo ou começa a chegar mais tarde. O ser humano se organiza. Então, por isso, a primeira coisa: a implantação da Tarifa Zero vai colapsar o sistema? Não, porque as pessoas se comportam conforme a necessidade. Essa é a primeira coisa que eu queria falar para vocês.

Financiamento

A segunda coisa: o financiamento. Como que paga, então, se o usuário não paga a passagem? Como que é a distribuição? Eu quero falar de quatro frentes de financiamento do sistema.

A primeira é que, se é um sistema público, e todos têm acesso, não é só o pobre, porque o sistema público, o [Enrique] Peñalosa, que foi o prefeito de Bogotá, ele falava: cidade rica não é onde, onde todos têm carro, carro particular. Cidade rica é onde as pessoas que têm dinheiro andam em transporte público.

Quem paga: quem usa o ônibus e quem não usa o ônibus paga, porque ele tem o acesso a esse sistema. O problema é que quem usa o transporte público paga duas vezes. Ele paga quando tem o imposto e ele paga quando usa o transporte público.

A segunda coisa que eu vejo como fundamental é o Vale Transporte. Isso aí já é um motivo de um projeto de lei que eu fiz agora na Câmara Federal. O Vale Transporte, que o empresário paga para o seu funcionário poder ir trabalhar. Então, o que que eu proponho? Acabar com o 6%. O Vale Transporte permitir fazer com que todos os empregadores paguem, todos os empregadores. Se a pessoa tem uma empresa de 200 funcionários, ela vai pagar o Vale Transporte para 200 funcionários. O funcionário usando ou não, porque o sistema está lá.

A empresa paga para a prefeitura e a prefeitura, no caso, a SP Trans, disponibiliza o Vale Transporte para este funcionário, não só para ele trabalhar, para ele usar 24 horas por dia,

7 dias por semana, 30 dias por mês, 365 dias por ano. Então começa a Tarifa Zero para quem já está em carteira assinada, percebe? Já começa quem tem carteira assinada. Não precisa ser o dia a dia, agora vai começar a Tarifa Zero. Faz de quem tem carteira assinada. Vocês vão ver o impacto que tem isso na economia.

A terceira coisa do financiamento, que é a mais polêmica: quem usa o carro particular, quem usa o viário, tem que pagar pelo uso do viário. Isso é um projeto de emenda constitucional que eu fiz, qual que é o conceito disso, pessoal? Porque é o seguinte, se você faz um viaduto, no primeiro, primeira semana, primeiro mês, fica uma maravilha. Pega uma ponte, vamos pegar uma ponte aqui, que atravessa o Rio Pinheiros ou o Rio Tietê. É uma maravilha. E nós, membros do PT aqui, a gente fica brigando para fazer ponte, né? É uma maravilha nos primeiros três meses. Depois você percebe que começou a ter congestionamento na ponte. Por quê? Porque que eu falei lá atrás. Porque a pessoa, o ser humano, quando ele percebe aquela sensação de que ele vai pegar o carro e ele vai andar tranquilamente, ele é incentivado a usar o carro. Aí todo mundo usa o carro, o que acontece? Vem o congestionamento de novo, entendeu? Então, por isso que não precisa fazer ponte, não precisa fazer viaduto, não precisa alargar avenida.

E o nosso viário é generoso. E por quê? Porque a pessoa está usando de forma privada o espaço público. E do ponto de vista conceitual, quem está dentro do carro, ele pode estar dentro do ônibus. Ele tem a permissão de usar o ônibus, de usar o corredor. Mas quem está dentro do ônibus não pode usar o carro dele. Não pode estar dentro do carro dessa pessoa. Então, no meu conceito, quem usa o carro, tem que pagar pelo uso do viário, porque ele usa sete vezes o espaço dele mesmo.

O pedestre, na calçada, ele usa o espaço dele. O ciclista usa o espaço dele. Talvez um pouquinho a mais que o espaço dele. O passageiro do ônibus usa o espaço dele só. E a pessoa que usa o carro, usa sete vezes mais. Além de ele usar o espaço mais, ele congestiona, ele faz com que a gente perca uma hora e cinquenta por dia no congestionamento. Olha o impacto que tem isso na economia, o impacto que tem isso no meio ambiente. Entendeu? Então é pegar esse uso da via. Aí a pessoa fala: "não, mas eu já pago IPVA". O IPVA é pelo fato de a pessoa ter o carro. Você paga IPVA para você ter o carro, mas como é que você cobra isso? É a coisa mais simples do mundo, é a coisa mais fantástica do mundo, gente. Porque a prefeitura de São Paulo já cobra um negócio que chama OTTC, Operadora de Tecnologia e Transportes Credenciados, que foi na época do Haddad. Foi um decreto. Todo mundo que pega o Uber aqui, tem um valorzinho que paga.

Se a gente, se tem autorização para pegar dos carros de aplicativos, pode ter também para o cidadão comum. Isso é um projeto de lei que precisa ser feito. Eu confesso que nós tentamos na época fazer. Mas a briga ia ser muito grande na cidade de São Paulo, na época do Haddad. Isso aqui resolve o problema da Tarifa Zero. Vocês percebem como é fácil resolver isso? Então, essa é a parte que eu fico mais entusiasmado, porque ela é fácil de fazer do ponto de vista tecnológico. É só usar isso aqui, esse OTTC, que todo mundo começa a pagar essa contribuição para o transporte público.

E, por último, as intervenções urbanas. O potencial construtivo da cidade, quem gera tráfego de pessoas, às vezes um grande shopping. Já existe hoje na lei, já tem uma lei que isso você tem que só aperfeiçoar.

Não precisa fazer isso tudo ao mesmo tempo, porque nós começamos com o Bilhete Único, que deu oportunidade de as pessoas poderem fazer várias viagens pagando apenas uma passagem. Depois ampliou para 65 anos, para 60 anos. Depois nós ampliamos para todos os estudantes. Então, você pode ir aumentando. Eu falei aqui de quem é funcionário CLT, do Vale Transporte. Você pode fazer, portanto, diminuir a idade. Você pode pegar o desempregado. Ou você pode fazer por região. Faz um teste. O prefeito podia. O prefeito, inclusive, é de lá da Capela do Socorro, que é uma península, tem duas represas. Faz aquele pedaço lá.

Aí você vai moldando o sistema. Você vai melhorando o sistema. É evidente que é importante se o Metrô e a CPTM pudesserem fazer juntos. Mas eu quero dizer assim, do ponto de vista da prefeitura, e vai ter o debate o ano que vem, o debate aqui da prefeitura, não é verdade que precisa do Governo do Estado. E, encerrando, como eu falei do Sistema Único de Saúde, nós temos que criar um Sistema Único de Mobilidade. Esse é o desafio.

3. EXEMPLOS DE LEGISLAÇÃO

VARGEM GRANDE PAULISTA (SP)

LEI Nº 1092 DE 15 DE OUTUBRO DE 2019.

Dispõe sobre a criação do programa 'Transporte para Todos' no Município de Vargem Grande Paulista e dá outras providências.

JOSUÉ RAMOS, Prefeito do Município de Vargem Grande Paulista, no uso de suas atribuições legais e regulamentares,

FAZ SABER, que a Câmara Municipal aprovou e ele sanciona e promulga a seguinte Lei:

Art. 1º- Fica criado no âmbito do Município de Vargem Grande Paulista o programa "Transporte para Todos", que tem por objetivo universalizar a oferta de transporte público coletivo na Cidade, através da prestação do serviço de transporte público coletivo urbano, por gestão direta, nos termos do art. 30, V, da Constituição Federal e art. 18, II, da Lei Federal nº 12.587/2012.

Art. 2º- A implantação do programa "Transporte para Todos" tem por diretriz a promoção de equilíbrio no acesso às oportunidades do Município, bem como a melhoria na qualidade de vida dos cidadãos, através de um sistema de transporte atraente e qualificado, e ainda:

I – Acessibilidade universal;

II – Desenvolvimento sustentável da cidade nas dimensões socioeconômicas e ambientais;

III – desestímulo à utilização do transporte individual motorizado nas áreas centrais e centralidades;

IV – Priorização da estruturação e reestruturação do sistema viário em função do transporte de mercadorias, da circulação de cargas e do sistema de transporte coletivo público;

V – Equidade no acesso dos cidadãos ao transporte público coletivo;

VI – eficiência, eficácia e efetividade na prestação dos serviços de transporte urbano; e

VII – segurança nos deslocamentos das pessoas.

Art. 3º- O "Transporte para Todos" é um programa de transporte coletivo urbano motorizado de passageiros, cujo serviço deverá ser prestado por gestão própria e direta do Município através de veículos apropriados, pelas suas vias e logradouros públicos, terminais, pontos de embarque e desembarque, contando com instrumento de controle, fiscalização e arrecadação de taxas e difusão de informações.

Art. 4º- O programa será custeado integralmente pelas receitas oriundas do Fundo Municipal de Transporte, criado pela Lei Municipal nº 1068, de 25 de fevereiro de 2019, ficando vedada a cobrança de tarifa ao usuário do serviço.

Art. 5º- O "Transporte para Todos" é acessível prioritariamente a todos os munícipes de Vargem Grande Paulista mediante cadastro prévio, bem como àqueles que, munícipes ou não, exerçam suas atividades laborativas nas circunscrições geográficas do Município, caso em que não ficam dispensados do cadastro prévio.

Parágrafo único - O cadastro de que trata o *caput* será regulamentado por ato do Executivo, e terá por objetivo criar base de dados para subsidiar a elaboração de planejamento orçamentário e financeiro necessários ao custeio do programa, bem como os estudos técnicos de revisão do sistema, como forma de garantir a eficiência e eficácia na prestação do serviço.

Art. 6º - A rede de transporte público coletivo objeto do "Transporte para Todos", caracterizar-se-á pela implementação de um sistema de tráfego de veículos que partam do interior dos bairros ao centro, bem como do tráfego de veículos que alimentem pontos e terminais nos troncos, denominado "sistema misto".

§ 1º – O sistema misto observará diretrizes técnicas que, levando em conta as peculiaridades locais, visará ao melhor aproveitamento da frota, obtenção de diminuição dos tempos de intervalos entre ônibus, a criação de rotas diretas em áreas com maior tempo de viagem, melhorar a integração com o sistema intermunicipal e a obtenção do menor custo possível à operação, garantindo a eficiência e eficácia do programa.

§ 2º - Os itinerários da rede de transporte tratada no *caput* serão fixados por decreto, observadas a diretrizes estabelecidas no parágrafo anterior, e amparados nos estudos técnicos especializados que indicaram a viabilidade na implantação do sistema de transporte público coletivo no Município.

§ 3º - As bases técnicas para fixação dos itinerários da rede de transporte do programa "Transporte para Todos", serão obrigatoriamente revisadas no prazo máximo de 02 (dois) anos após a sua implantação, com a utilização do "cadastro prévio" como subsídio à revisão do sistema, de maneira a assegurar a eficiência e eficácia do serviço.

Art. 7º - São direitos dos beneficiários do programa "Transporte Para Todos":

I- Receber adequado serviço de transporte no âmbito municipal;

II- Participar do planejamento, da fiscalização e da avaliação da política local de mobilidade urbana;

III- obter informação nos pontos de embarque e desembarque, bem como por outros meios, de forma gratuita e acessível, sobre itinerários, horários e modos de interação com outros modais;

IV- Ter ambiente seguro e acessível para utilização do programa.

Art. 8º- Fica reservado à Prefeitura de Vargem Grande Paulista:

I- Gerir diretamente o programa;

II- Instituir o cadastro prévio como condição de acessibilidade ao programa;

II- Promover adequações necessárias ao regular funcionamento do serviço;

III- adquirir ou locar bens, contratar serviços, locar ou adquirir softwares de gestão viáveis ao controle do programa, assim como outros necessários ao fiel cumprimento dos seus objetivos, observados os preceitos estabelecidos na Lei nº 8.666/93 ou outra que venha substitui-la.

Art. 9º - O programa "Transporte para Todos" será gerido por uma equipe multidisciplinar instituída e nomeada por ato do Executivo, e contará com membros designados pela Secretaria de Gestão, Secretária de Indústria e Comércio, Secretaria de Planejamento Urbano e Obras Municipais e Procuradoria Geral do Município.

Art. 10 - As despesas necessárias à execução da presente Lei correrão por conta de dotações próprias previstas no orçamento vigente, ficando autorizado a abertura de novos créditos orçamentários se necessário.

Art. 11 - Esta Lei entrará em vigor na data de sua publicação, revogadas as disposições em contrário.

Paço Municipal Ari Bigarelli, aos quinze dias do mês de outubro de dois mil e dezenove.

Josué Ramos, prefeito

R. na Secretaria de Governo, em 15 de outubro de 2019.

Marcelo Marques, secretário de Governo

SÃO CAETANO DO SUL (SP)

LEI Nº 6.141 DE 27 DE OUTUBRO DE 2023

Dispõe sobre a criação do Programa Tarifa Zero e dá outras providências.

JOSÉ AURICCHIO JÚNIOR, Prefeito do Município de São Caetano do Sul, Estado de São Paulo, usando das atribuições que lhe são conferidas nos termos do inciso XI, do art. 69, da Lei Orgânica do Município, FAZ SABER que a Câmara Municipal aprovou e ele sancionou e promulgou a seguinte LEI:

Art. 1º - Fica criado o Programa Tarifa Zero, vinculado à Secretaria Municipal de Mobilidade Urbana - SEMOB, visando proporcionar locomoção e mobilidade gratuita aos usuários de serviços de transporte coletivo urbano do Município de São Caetano do Sul.

Parágrafo único. O Programa não se aplica às linhas intermunicipais e ao transporte ferroviário no Município, sob gestão de outros entes federativos.

Art. 2º - Para a consecução do Programa o Município adotará ações de sustentabilidade financeira e socioambiental, priorizando a qualidade na prestação do serviço público.

Art. 3º - Para o custeio do Programa o Poder Executivo priorizará o uso de recursos decorrentes das seguintes fontes:

I. multas de trânsito;

II. tarifas decorrentes da operação do sistema de transporte e trânsito do Município, sob gestão da SEMOB;

III. venda de créditos de carbono, a partir da certificação decorrentes de:

a. ações de estímulo a diminuição de emissões de carbono por veículos automotores;

b. ampliação de áreas verdes e outras ações de captura de carbono;

c. tratamento adequado do lixo e resíduos;

d. outras ações de sustentabilidade ambiental que vierem a ser criadas;

IV. exploração de ações publicitárias envolvendo o sistema de transporte;

V. dotações orçamentárias próprias, decorrentes de outras fontes de financiamento relacionadas à mobilidade urbana e sustentabilidade socioambiental.

Art. 4º - O sistema poderá ser operado por meio da concessão dos serviços de transporte coletivo urbano ou diretamente pelo Município. Parágrafo único. O Poder Executivo criará mecanismos de avaliação da qualidade do serviço público para realização dos princípios de sustentabilidade financeira e socioambiental que poderá refletir na remuneração da operação do sistema.

Art. 5º - Fica o Poder Executivo autorizado a abrir crédito adicional especial no valor de R$ 5.833.358,50 (cinco milhões, oitocentos e trinta e três mil, trezentos e cinquenta e oito reais e cinquenta centavos), para inclusão na seguinte categoria econômica: 02.07.02.15.453.0200.2.151.3.3.90.39.00-01.400.0000 Outros Serviços de Terceiros – Pessoa Jurídica .... R$ 5.833.358,50.

Art. 6º - Para fazer frente às despesas com a abertura do crédito adicional especial de que trata o art. 5º, serão utilizados recursos provenientes do excesso de arrecadação, nos termos do inciso II, do §1º, do art. 43, da Lei Federal nº 4.320, de 17 de março de 1964, a serem apurados no exercício.

Art. 7º - O Poder Executivo regulamentará a presente Lei no que couber.

Art. 8º - Esta Lei entra em vigor na data de sua publicação. Prefeitura Municipal de São Caetano do Sul, 27 de outubro de 2023, 147º da fundação da cidade e 76º de sua emancipação Político-Administrativa.

José Auricchio Júnior, Prefeito Municipal
Bruno Vassari, Chefe de Gabinete
Jefferson Cirne da Costa, Secretário Municipal de Governo
Fabiane Verones Vigilio Galarraga, Secretária Municipal de Assuntos Jurídicos
Diego Santos Vido Faria, Secretário Municipal de Mobilidade Urbana
Stefânia Wludarski, Secretária Municipal da Fazenda
Matheus Lothaller Gianello, Secretário Municipal de Planejamento
Rosiane de A. Vaitkevicius, Diretora de Administração e Recursos Humanos

ALQUIRAZ (CE)

LEI N° 1.279/2018 DE 06 DE JUNHO DE 2018.

Cria o Sistema Gratuito de Transporte Urbano de Aquiraz - TGA, e dá outras providencias.

Faço saber que a CAMARA MUNICIPAL DE AQUIRAZ APROVOU e **eu sanciono e promulgo a seguinte Lei:**

Art. 1° - Fica o Chefe do Poder Executivo Municipal autorizado a **Criar o Sistema de Gratuito de Transporte Urbano de Aquiraz - TGA,** em todo territ6rio do município de Aquiraz, destinado aos seus munícipes.

Art. 2° - 0 **Sistema Gratuito de Transporte Urbano de Aquiraz - TGA,** reger-se-á pelas disposi96es constantes na Lei Orgânica do município e pelo disposto nesta Lei e/ou legislação complementar.

Art. 3° - A opera9ao do **Sistema Gratuito de Transporte Urbano de Aquiraz - TGA** será feita diretamente pelo Município, ou através de terceirização.

Art. 4° - As normas e as Rotas de operacionalização do **Sistema Gratuito de Transporte Urbano de Aquiraz - TGA,** quando implantado, serão fixadas por Decreto do Chefe do Poder Executivo Municipal.

Art. 5° - Os casos omissos na presente lei serão resolvidos por Decreto do Chefe do Poder Executivo Municipal.

Art. 6° - As despesas decorrentes da presente lei, correrão por conta de dotações proporias da Secretaria de infraestrutura do município.

Art. 7° - Esta Lei entrara em vigor na data de sua publica9ao, revogadas as disposi96es em contrário, especialmente a lei N° 1174/16 de 13 de abril de 2016.

PAÇO DA PREFEITURA MUNICIPAL DE AQUIRAZ PREFEITO CARLOS AUGUSTO MATOS PIRES, EM 06 DE JUNHO DE 2018.

Edson Sá, Prefeito Municipal

ITUIUTABA (MG)

LEI 5.094, DE 05 DE JULHO DE 2023

Institui o programa municipal "Busão do Povo" com a instituição da Tarifa Zero para o transporte coletivo urbano no município de Ituiutaba - MG e dá outras providências.

A Câmara Municipal de Ituiutaba decreta e eu sanciono a seguinte lei:

Art. 1° - Fica instituído pela presente Lei o Programa Municipal "BUSÃO DO POVO" que garante 100% de gratuidade com Tarifa Zero a todos os usuários do transporte público coletivo urbano do Município de Ituiutaba.

Art. 2° - O sistema de transporte coletivo público urbano observará diretrizes técnicas que, levando em conta as peculiaridades locais, visará ao melhor aproveitamento da frota, própria ou terceirizada, obtenção de diminuição dos tempos de intervalos entre ônibus, a criação de mais rotas e horários e a obtenção do menor custo possível à operação, garantindo a eficiência e eficácia do transporte público.

Art. 3° - A presente Lei tem as seguintes diretrizes:

I. Acessibilidade universal;

II. Desenvolvimento sustentável da cidade nas dimensões socioecon6micas e ambientais;

III. Priorização da estruturação e reestruturação do sistema de transporte coletivo público;

IV. Equidade no acesso dos cidadãos ao transporte público coletivo;

V. Eficiência, eficácia e efetividade na prestação dos serviços de transporte urbano;
VI. Receber adequado serviço de transporte no âmbito municipal.

Parágrafo único. O serviço público deve ser planejado de modo a alcançar ampla cobertura geográfica e assegurar a socialização do atendimento, sendo que o Poder Público poderá utilizar de mecanismos de financiamento internos ou extemos a financiar ou subsidiar a operação.

Art. 4° - O custeio do sistema de transporte público coletivo urbano municipal gratuito será obtido das seguintes fontes de financiamento:

I. Dotação orçamentária no âmbito da Secretaria Municipal de Trânsito, Transporte e Mobilidade;
II. Recursos próprios do Município;
III. Emendas parlamentares;
IV. Eventualmente, recursos obtidos por meio de publicidade nos sistemas de transporte coletivo, dentro e fora de veículos, nos pontos, abrigos e terminais e vias públicas, conforme regulamento do Poder Executivo e edital específico para esse fim, em sendo o caso;

Parágrafo único - O presente programa será aplicado sempre que o Município prestar diretamente o serviço de transporte coletivo urbano de passageiros, mediante frota própria ou terceirizada, não se aplicando aos casos de concessão de serviços públicos, que deve observar as regras próprias estabelecidas em edital de licitação.

Art. 5° - Fica por esta lei criado o parágrafo único ao art. 10 da Lei Municipal n° 3.775/2005 que "Dispõe sobre o Sistema de Transporte Coletivo de Passageiros do Município de Ituiutaba e dá outras providencias", o qual passa a viger com a seguinte redação:

I. Art. 10 - O Serviço de Transporte Coletivo Regular poderá ser explorado:

II. Diretamente pela Administração Municipal ou por entidade que lhe seja vinculada;

1. Por delegação a pessoa jurídica

1. Parágrafo único -Sempre que o Município de Ituiutaba prestar diretamente o serviço de transporte coletivo urbano de passageiros, mediante frota própria ou terceirizada, haverá gratuidade de 100% da tarifa, nos termos do Programa Municipal "Busão do Povo" e suas regulamentações.

Art. 6° - O Programa Municipal "Busão do Povo" será regulamentado por decreto do Poder Executivo naquilo que couber, ficando resguardada sua aplicação e acesso a todos os munícipes de Ituiutaba e visitantes.

Art. 7° - Farão face às despesas desta lei recursos do orçamento vigente, ficando autorizado desde já o Poder Executivo a promover as alterações necessárias na Lei de Diretrizes Orçamentarias (LDO) e no Plano Plurianual (PPA) para atender `as despesas decorrentes desta Lei, em consonância com os preceitos da Lei Complementar 101, de 04 de maio de 2000.

Art. 8° - Esta lei entra em vigor na data de sua publicação.

Prefeitura de Ituiutaba, em 05 de julho de 2023.

Leandra Guedes Ferreira, Prefeita de Ituiutaba

4. PROJETOS DE LEI DE MINHA AUTORIA RELACIONADOS COM A TARIFA ZERO

Projeto de lei Nº 1280, de 2023 - Institui o Programa Tarifa Zero

O Congresso Nacional decreta:

Art. 1º - Fica instituído o Programa Tarifa Zero, de adesão voluntária por parte dos Municípios, para fornecimento de credencial de utilização do sistema de transporte público pelo empregador, pessoa física ou jurídica, ao trabalhador.

Art. 2º - A Tarifa Zero constitui mecanismo pessoal e intransferível que permite ao trabalhador utilizar o serviço de transporte público coletivo no Município de residência sem o pagamento de tarifa.

§ 1º - Não haverá limites de viagens, de dias e de horários ao trabalhador portador do bilhete Tarifa Zero.

§ 2º - A Tarifa Zero será válida para linhas intermunicipais de caráter urbano quando todos os Municípios envolvidos a ele aderirem.

Art. 3º - Os empregadores ficam dispensados do cumprimento do disposto na Lei nº 7.418, de 16 de dezembro de 1985, que institui o Vale Transporte, em relação aos empregados residentes em Municípios que aderirem ao disposto nesta Lei.

§ 1º O empregador participará dos gastos de deslocamento do trabalhador por meio de contribuição a ser repassada ao Município, vedado desconto na remuneração do empregado.

§ 2º O valor de que trata o § 1º, referente a cada trabalhador beneficiado, será definido por ato do Poder Executivo local e será destinado exclusivamente ao custeio do sistema de transporte público coletivo.

Art. 4º - Esta Lei entra em vigor após decorridos cento e oitenta dias de sua publicação oficial.

Justificação

A mobilidade urbana eficiente e universal é um dos maiores desafios enfrentados pelos administradores dos grandes centros urbanos do mundo. No Brasil, a questão é igualmente complexa e requer soluções baseadas na conjunção de esforços entre Poder Público e a sociedade.

A lei nº 12.587, de 2012, instituiu a Política Nacional de Mobilidade Urbana (PNMU) e ofereceu mecanismos importantes para orientar o planejamento do transporte público dos Municípios. Com relação ao financiamento do serviço, a PNMU aponta diretrizes no sentido de somar às receitas tarifárias recursos oriundos de "receitas extratarifárias, receitas alternativas, subsídios orçamentários, subsídios cruzados intrassetoriais e intersetoriais provenientes de outras categorias de beneficiários dos serviços de transporte". Tais mecanismos têm o potencial de contribuir para a modicidade da tarifa e, em alguns Municípios, foi capaz de viabilizar a implementação de políticas de Tarifa Zero.

Contudo, ao examinarmos as soluções adotadas pelos Municípios que alcançaram o passe livre, percebemos que a participação da sociedade, por meio da iniciativa privada, foi fundamental para o sucesso da iniciativa. Já habituadas a participar do financiamento da mobilidade dos trabalhadores por meio do Vale Transporte, as empresas passaram a destinar esses recursos para a Administração local que, por sua vez, pôde somar o montante a recursos de seu orçamento e financiar a redução total da tarifa.

A presente proposta, assim, visa a oferecer mecanismo semelhante a todos os Municípios do País. Conservando a autonomia do Poder local, sugerimos que, naqueles Municípios que aderirem à proposta, as empresas sejam dispensadas de fornecer o Vale Transporte e passem a contribuir para o sistema de mobilidade municipal. Os empregados, por sua vez, poderão utilizar o sistema sem pagamento de tarifa.

Acreditamos que esse mecanismo tem o condão de fomentar o transporte local, uma vez que oferece ao Município recursos para construir um sistema de mobilidade mais eficiente e com tarifas cada vez menores.

Pelo exposto, rogamos aos nobres Pares apoio para aprovação da matéria.

Deputado Federal Jimar Tatto, PT/SP

Projeto de lei Nº 441, de 2024 - Destinação de parte da receita arrecadada com a cobrança das multas de trânsito para o Transporte Público

O Congresso Nacional decreta:

Art. 1º - Esta Lei altera a Lei nº 9.503, de 23 de setembro de 1997, que institui o Código de Trânsito Brasileiro, para dispor sobre a destinação da receita arrecadada com a cobrança das multas de trânsito.

Art. 2º - O art. 320 da Lei nº 9.503, de 1997, passa a vigorar com a seguinte redação:

> Art. 320. A receita arrecadada com a cobrança das multas de trânsito será aplicada, exclusivamente, em sinalização, em engenharia de tráfego, em engenharia de campo, em policiamento, em fiscalização, em renovação de frota circulante, em educação de trânsito e no subsídio das tarifas do transporte público coletivo urbano.

Art. 3º - Esta Lei entra em vigor após decorridos cento e oitenta dias de sua publicação oficial.

Justificação

Esta proposição tem como objetivo alterar o art. 320 da Lei nº 9.503, de 1997, que institui o Código de Trânsito Brasileiro (CTB), de modo a alterar a destinação da receita arrecadada com a cobrança das multas de trânsito.

Assim, a receita arrecadada com a cobrança das multas de trânsito será aplicada no subsídio das tarifas do transporte público coletivo urbano, além das aplicações já estipuladas no próprio Código, quais sejam, em sinalização, em engenharia de tráfego, em engenharia de campo, em policiamento, em fiscalização, em renovação de frota circulante e em educação de trânsito.

É preciso reconhecer que o direito ao transporte representa, na atualidade, uma das maiores conquistas dos brasileiros. Sem um meio de transporte acessível, não há como o cidadão usufruir seus outros direitos, como o direito à saúde, à educação e ao lazer. Portanto, a mobilidade consiste na manifestação concreta do direito de ir e vir.

De um lado, temos a necessidade premente de um contingente incalculável e crescente de brasileiros que precisam se utilizar dos serviços públicos de transporte coletivo, mas não dispõem dos recursos necessários para pagar as tarifas correspondentes. De outro lado, encontramos Municípios em situação pré-falimentar, incapazes de dar conta das responsabilidades que o Pacto Federativo lhes atribuiu, sem, no entanto, ter previsto o correspondente e indispensável volume de recursos financeiros.

Obviamente, os custos existentes na prestação do serviço de transporte urbano existem e necessitam ser cobertos. Compreendemos, entretanto, que esse é um ônus que deve ser suportado por toda a sociedade. Nesse contexto, o transporte é instrumento habilitador de direitos não apenas para os cidadãos que o utilizam diretamente, mas para toda a sociedade. De fato, é urgente e crucial que todos sejam inseridos na sua viabilização, de maneira a assegurar justiça social.

Acreditamos, assim, que estamos no caminho certo para que algo de concreto seja feito por nós, representantes da população nesta Casa Legislativa. Portanto, é com esse nobre e meritoso objetivo que propomos este projeto de lei. Esperamos verdadeiramente que a nova norma consiga melhorar o trânsito e a qualidade de vida nas cidades brasileiras.

Em vista do exposto, solicitamos o apoio dos nobres Colegas para a aprovação deste projeto de lei.

Deputado Jilmar Tatto, PT/SP

Projeto de lei Nº 1743, de 2023 - Institui o Programa Mobilidade Urbana Sustentável

O Congresso Nacional decreta:

Art. 1º - Esta Lei institui o Programa Mobilidade Urbana Sustentável, que oferece apoio para o incremento da frota de veículos elétricos destinada à mobilidade urbana nos Municípios.

Art. 2º - São objetivos do Programa de Mobilidade Urbana Sustentável:

I. Renovar e incrementar a frota de veículos elétricos e híbridos destinados ao transporte público coletivo.
II. Aumentar a segurança do trânsito e diminuir a emissão de poluentes do sistema de mobilidade urbana.
III. Contribuir para o aumento da qualidade do serviço de transporte público urbano.

Art. 3º - Os Municípios que aderirem ao Programa de Mobilidade Sustentável e cumprirem os requisitos estabelecidos em regulamento estarão habilitados a receber veículos elétricos destinados exclusivamente ao transporte público coletivo urbano

§ 1º - O regulamento de que trata o *caput* definirá:

I. Requisitos adicionais para habilitação dos Municípios;
II. Critérios de priorização para atendimento às demandas dos Municípios habilitados;
III. Metodologia de cálculo para definição das quantidades máximas e mínimas de veículos a serem destinadas a cada Município, proporcionais ao tamanho da população de perímetro urbano.

§ 2º - A habilitação do Município está condicionada à demonstração de capacidade técnica e financeira para garantir a adequada operação e manutenção dos veículos.

§ 3º - O não cumprimento do disposto no § 1º ensejará, em qualquer tempo, a devolução dos veículos ao Programa

Art. 4º - Os Municípios que aderirem ao Programa deverão praticar tarifas diferenciadas nos serviços prestados por meio dos veículos do Programa, inferiores às praticadas nos serviços prestados com demais veículos.

Art. 5º - A aquisição de veículos do Programa poderá ser realizada por meio de:

I. Dotações orçamentárias consignadas ao Ministério de Minas e Energia;
II. Linhas de crédito concedidas por instituições financei-

ras autorizadas a funcionar pelo Banco Central do Brasil; e/ou

III. Recursos próprios ou de outras fontes dos entes federativos que aderirem ao Programa.

Parágrafo único: As despesas da União com o Programa Mobilidade Urbana Sustentável correrão à conta das dotações orçamentárias anualmente consignadas ao Ministério de Minas e Energia, observados os limites de movimentação, de empenho e de pagamento da programação orçamentária e financeira atual.

Art. 6 - Esta lei entra em vigor na data de sua publicação.

Justificação

Há muito a mobilidade urbana nos Municípios do nosso País pede socorro. Um dos serviços públicos mais essenciais constitui, na verdade, o direito que habilita os demais direitos. Afinal, sem meios para se deslocar ao hospital ou à escola, é impossível exercer o direito à saúde e à educação. Nesse sentido, a oferta do serviço de transporte com qualidade e eficiência se reveste de singular importância e requer, assim, a conjunção de esforços de toda a Administração.

Ao mesmo tempo, a sociedade vem se conscientizando da importância da sustentabilidade em todas as soluções adotadas no modo de vida moderno. A ciência tem comprovado, por meio de indicadores ambientais, que ações concretas precisam ser tomadas com urgência para evitar a degradação permanente dos recursos naturais cada vez mais escassos.

Dessa forma, o Programa Mobilidade Urbana Sustentável aqui proposto oferece meios para a modernização do serviço de transporte urbano de modo a aumentar seu alcance e sua eficiência. Ao mesmo tempo, a adoção de veículos elétricos, em substituição aos veículos por combustão, representa a contribuição do sistema de mobilidade para o direcionamento à sustentabilidade ambiental das soluções públicas.

Convém mencionar que cada ônibus a diesel emite, em média, 1.224 mg de CO_2 por quilômetro. Estudos mostram que "a eficiência energética do ônibus a combustão interna é 56,43% inferior à do ônibus elétrico e as emissões de dióxido de carbono fóssil são reduzidas drasticamente de 78.88%". Além disso o gás de diesel oferece sérios riscos à saúde de quem é exposto a eles por longos períodos, especialmente motoristas, cobradores e profissionais de manutenção.

Modernizar e ampliar, portanto, a frota dedicada aos serviços de transporte urbano significa não somente dar cumprimento ao art. 6º da Constituição que estabelece o transporte como direito social, mas elevar consideravelmente a qualidade de vida nos centros urbanos e dar um passo importante rumo à expansão da mobilidade sustentável e uma importante contribuição para a preservação do meio ambiente.

Pelo exposto, rogamos aos nobres Pares apoio para aprovação da matéria.

Deputado Federal Jilmar Tatto PT/SP

Projeto de lei Nº 105, de 2024 - Dispõe sobre a ampliação dos benefícios do Cadastro Único para Programas Sociais do Governo Federal (CadÚnico) nas condições que especifica

O Congresso Nacional decreta:

Art. 1º O art. 6º-F, da Lei nº 8.742, de 1993, para a vigorar com as seguintes alterações:

"**Art. 6º** - F...

§ 7º - Os benefícios de que trata esta lei serão acrescidos de R$ 50,00 (cinquenta reais) para os inscritos no CadÚnico residente em Municípios que instituíram ou vierem a instituir a gratuidade de tarifa nos seus sistemas de transporte urbano.

§ 8º - Os recursos para a concessão do benefício adicional de que trata o § 7º serão depositados pela União em fundo especial criado pelo município responsável pelo pagamento do benefício.

Art. 2º - Esta lei entre em vigor na data de sua publicação.

Justificação

O CadÚnico, o Cadastro Único para Programas Sociais do Governo Federal no Brasil, constitui uma ferramenta fundamental para o planejamento e implementação de políticas sociais. Este cadastro forma um banco de dados que reúne informações sobre famílias brasileiras em situação de vulnerabilidade, criando um registro abrangente e confiável para programas sociais. Além disso, ele agiliza o acesso a múltiplos programas sociais, reduzindo a redundância e a carga administrativa tanto para os beneficiários como para as agências governamentais. Isto aumenta a eficiência da alocação de recursos e da prestação de serviços.

Nada mais justo, portanto, que usar o CadÚnico como indicador de compensação para os Municípios que instituíram ou vierem a instituir gratuidade universal em seus sistemas de transporte urbano. A Tarifa Zero torna o transporte público mais acessível a todos, independentemente da situação financeira. Isto promove a inclusão social, garantindo que mesmo as pessoas economicamente desfavorecidas possam viajar livremente, melhorando o seu acesso à educação, ao emprego, aos cuidados de saúde e a outros serviços essenciais.

É importante ressaltar que estudos apontam (Pesquisa do Orçamento Familiar, realizada em 2018 pelo IBGE) que os gastos com transporte público representam 20% do orçamento das famílias de baixa renda, portanto, público-alvo dos programas de proteção social. A mesma pesquisa mostra que transporte é o segundo item que mais pesa no orçamento familiar, ficando atrás apenas de habitação e à frente dos gastos com alimentação.

Ao fornecer benefícios aos Municípios que adotam a Tarifa Zero, queremos endossar o apoio aos governos locais comprometidos com a criação de sociedades mais equitativas. Alinhamo-nos, assim, com os objetivos maiores de reduzir a desigualdade e promover a justiça.

Diante do exposto, esperamos contar com o apoio dos nobres Pares para ver aprovada a presente proposição.

Deputado Jilmar Tatto, PT/SP

QR Code e site

TarifaZero.org.br

Alameda nas redes sociais:
Site: www.alamedaeditorial.com.br
Facebook.com/alamedaeditorial/
Twitter.com/editoraalameda
Instagram.com/editora_alameda/

Esta obra foi impressa em São Paulo no inverno de 2025. No texto, foi utilizada a fonte Palatino Linotype em corpo 11 e entrelinha de 16,5 pontos.